"应用型人才培养规划教材·艺术设计

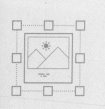

Photoshop CS6
企业案例设计与印前技术

戴丽芬 陈辉 主编

清华大学出版社

北 京

内 容 简 介

本书以计算机平面设计为主要内容，以 Photoshop 软件为操作平台，以工作导向的典型案例作为实训项目，阐述平面设计的内容与设计方法，解析项目操作的过程与技巧。本书分为 5 章，第 1 章为小试牛刀，第 2 章为海报设计，第 3 章为封面设计，第 4 章为包装设计，第 5 章为岗位应用。本书内容全面，结构清晰，重点突出，通俗易懂，所有项目均来自于岗位工作实际，具有很强的市场化和商业化特点。

书中案例均配有视频讲解，扫描相应的二维码即可观看，以便学生学习使用。

本书可以作为各类职业院校平面设计、数字媒体、美术设计及相关专业教材，也可以作为培训用书和设计人员的学习参考用书。

图书在版编目（CIP）数据

Photoshop CS6企业案例设计与印前技术/戴丽芬，陈辉主编.—北京：清华大学出版社，2020
（2021.1重印）

"十三五"应用型人才培养规划教材. 艺术设计

ISBN 978-7-302-54073-1

Ⅰ. ①P…　Ⅱ. ①戴…　②陈…　Ⅲ. ①图象处理软件－高等学校－教材　Ⅳ. ①TP391.413

中国版本图书馆CIP数据核字（2019）第242024号

责任编辑：王剑乔
封面设计：刘　键
责任校对：袁　芳
责任印制：沈　露

出版发行：清华大学出版社
　　　　网　　　址：http://www.tup.com.cn，http://www.wqbook.com
　　　　地　　　址：北京清华大学学研大厦A座　　　　　　　　邮　　编：100084
　　　　社 总 机：010-62770175　　　　　　　　　　　　　　　邮　　购：010-62786544
　　　　投稿与读者服务：010-62776969，c-service@tup.tsinghua.edu.cn
　　　　质量反馈：010-62772015，zhiliang@tup.tsinghua.edu.cn
　　　　课件下载：http://www.tup.com.cn，010-83470410
印 装 者：三河市铭诚印务有限公司
经　　销：全国新华书店
开　　本：185mm×260mm　　　印　张：10.75　　　字　数：245千字
版　　次：2020年1月第1版　　　　　　　　　　　　印　次：2021年1月第2次印刷
定　　价：59.00元

产品编号：074695-01

丛书编委会

主　编：

　　陈　辉

副主编（以姓氏拼音为序）：

　　蔡毅铭　陈　健　陈春娜　戴丽芬　何杰华　黄文颖

　　李唐昭　梁丽珠　刘德标　吕延辉　孙莹超　徐　慧

委　员（以姓氏拼音为序）：

　　陈　爽　陈伟华　甘智航　龚影梅　黄嘉亮　刘小鲁

　　莫泽明　孙良艳　王江荟　吴旭筠　杨子杰　姚慧莲

随着信息技术的迅速发展，使用数字媒体进行设计制作已经成为平面设计领域的主流。由 Adobe 公司出品的 Photoshop，由于其功能强大、应用广泛，已经成为平面设计公司和设计师首选的软件。

本书以 Photoshop 作为平面设计教学和操作平台，内容全面，项目典型，由浅入深，通俗易懂，具有很强的针对性。

本书共分为 5 章。

第 1 章为小试牛刀，以简单的实训项目为引领，在实践中学习平面设计的基础知识和软件的操作要领以及注意事项。

第 2 章为海报设计，以四大项目，即商业海报、影视海报、文化海报和公益海报的实际任务进行实操，在操作中讲解 Photoshop 软件的核心技术，特别是图层的运用、绘图修图、路径绘制、蒙版运用、字体设计和滤镜特效等，为从事平面设计强化技能。

第 3 章为封面设计，分为书籍封面、杂志封面和企业宣传画册封面的几个实际案例进行实践，通过来自工作实际的专项内容学习相关设计的要点，并触类旁通，掌握平面设计岗位职业技能，为平面设计工作积累经验。

第 4 章为包装设计，主要以礼品和食品包装为重点，通过工作实际的岗位任务进行实践讲解和学习，根据专项内容学习岗位知识和操作技能。

第 5 章为岗位应用，对名片设计、胸卡、贺卡和邀请函等一系列任务进行实践，主要是使读者了解平面设计的应用类型比较广，只有不断接触和感受，才能积累实践经验和提升个人职业素养。

本书具有以下特色。

特色一：内容精要，通俗易懂。本书内容以平面设计岗位职业能力为依据，通过"小试牛刀"逐步进入更专业化的设计，由浅入深，内容全面。既可作为平面设计的基础课程，又可作为平面设计的实训教程，具有很强的实用价值。

特色二：项目引领，实训实用。平面设计的面比较广，本书主要根据日常工作中常用的一些设计岗位进行分类，通过项目和任务分解设置的典型案例供读者实践练习。基于工作过程为导向，通过对操作步骤的详细解读，使读者更好地了解平面设计的工作过程和工作思路，体验岗位，积累经验。本书所有的项目均来自真实的岗位工作，读者通过学习，能够快速提升职业技能，学以致用。

特色三：提升素养，注重审美。平面设计离不开设计软件的使用操作，更离不开设计人员的审美修养和操作能力。本书所选案例在考虑设计的美感和产品的准确定位时，力求给人赏心悦目的感受。同时，书中的"印刷要求""技巧点拨"等版块能拓展读者的知识，并帮助读者更好地理解设计和操作的方法。

特色四：新形态一体化。本书每个案例均配有视频讲解，扫描相应的二维码即可观看。

本书由戴丽芬、陈辉担任主编，编写过程得到雅虎广告和凌羽广告设计公司的大力支持，在此深表感谢！尽管在编写过程中力求准确、完善，但书中仍难免存在疏漏，敬请广大读者批评、指正。

编　者
2020 年 1 月

本书配套教学资源

本书案例素材

目录

CONTENTS

小 试 牛 刀

- 掌握挂牌、挂画的制作方法。
- 掌握任务中的相关工具和菜单的使用方法和技巧。

本章知识点和技能如下。

（1）Photoshop CS6 中径向渐变工具、钢笔工具、图层面板的基本操作。

（2）Photoshop CS6 中添加素材、图层蒙版、剪贴蒙版、文字工具的基本操作。

（3）了解挂牌、挂画的设计方法。

1.1 计算机室挂牌设计

1. 任务描述

任务背景：学校要为计算机实训室挂牌，目的是引起学生注意，要求学生牢记几点应注意的事项。

任务要求：挂牌尺寸为 60cm×80cm。挂牌内容是"计算机实训室五不准"，要求以绿色为主，文字清晰明了，能引起学生注意，对文字内容过目不忘。

2. 任务效果图

任务效果图如图 1-1 所示。

3. 任务实施

（1）启动 Photoshop CS6 软件，选择"文件"→"新建"菜单命令，新建图像文件，宽为"60cm"，高为"80cm"，分辨率为"100 像素 / 英寸"，颜色模式为"RGB 颜色"。

（2）在工具箱中单击"渐变工具"按钮 █，在渐变工具属性栏中单击"径向渐变"按钮 █，前景色为浅绿色（#dbfdaf），背景色为深绿色（#3dea08），从左上角到右下角拖曳做渐变，效果如图 1-2 所示。

图 1-1　计算机室挂牌效果　　　　　　　图 1-2　使用"径向渐变"效果

（3）新建"图层 1"，单击"钢笔工具"按钮 ✐，工具模式为"形状"，前景色为绿色（#16a104），绘制路径，如图 1-3 所示。

图 1-3　使用"钢笔工具"绘制路径

（4）复制"图层 1"并命名为"图层 2"，调整"不透明度"为"50%"。调换图层顺序，将"图层 2"置于"图层 1"下方，并向下移动位置。再复制"图层 1"和"图层 2"，垂直翻转，将图移至下方，如图 1-4 所示。

图 1-4　完成路径后的效果　　　　　　　　计算机室挂牌设计

（5）添加素材"背景.jpg"，栅格化图层，并添加"图层蒙版"，将"背景"素材图层置于"图层 1"上方。选择"横排文字工具" T，输入文字"计算机实训室五不准"，字体为黑体，字号为 126 点，浑厚，字符间距为 50，垂直缩放为 120%；输入文字"一、不准大声喧哗、追逐打闹。二、不准乱丢乱吐，讲究卫生。三、不准拆卸移动计算机设备。四、不准私自使用 USB 设备。五、不准携带任何食品进入。"，字体为黑体，字号为 88 点，浑厚，加粗，行间距为 200 点，添加描边图层样式（描边：白色），如图 1-5 所示。

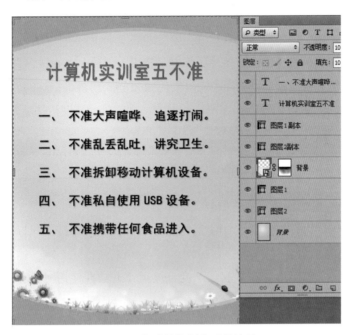

图 1-5　完成挂牌制作后的效果

4.印刷要求

（1）挂牌印刷尺寸：宽为 60cm，高为 80cm，分辨率在 350 像素／英寸以上，设置四边各出血 5mm。

（2）文件保存格式为 PSD、JPG，保存为 JPG 格式时，"图像选项"→"品质"选 12 为最佳。

（3）所有文件颜色模式均设置为 CMYK 模式。如果在设计时的颜色是 RGB 模式，可通过执行"图像"→"模式"→CMYK 菜单命令转换。

（4）所有图层颜色设定的不透明度不能低于 8%，以免造成印刷时无法显示该图层。

（5）使用 180 克特厚 PP 纸。

PP 纸是一种合成纸。除了具有天然纸张所达不到的防水、耐久、撕不破的塑胶特性外，还兼具天然纸张优良的印刷适性。

PP 纸可用于广告、吊牌、礼品盒、相册、文具、食品包装、名片、明信片、餐垫、扇子及宣传用品等；可允许与食品直接接触，防水，防油，防化学品，环保，可 100% 回收，即使焚烧处理，也不会产生有毒有害气体；节约大量森林资源；保存期长，防蛀。

防水 PP 类包括防水 PP 纸和防水背胶 PP 纸，挂牌可采用这两种材质。

5. 技巧点拨

1）渐变工具

渐变工具是使用比较频繁的填充工具，使用它可以产生两种或两种以上颜色的过渡效

图 1-6　渐变工具

果，可以使用系统提供的各种默认的渐变方式，也可以根据需要自定义新的渐变方式。

在 Photoshop CS6 的工具箱中，选择"渐变工具"，如图 1-6 所示。

Photoshop 中的"渐变工具"是用来填充渐变色的，如果不创建选区，"渐变工具"将作用于整个图像。该工具的使用方法：按住鼠标左键拖曳，形成一条直线，直线的长度和方向决定了渐变填充的区域和方向，拖曳鼠标的同时按住 Shift 键，可保证鼠标的方向是水平、垂直或45°。选择工具箱中的"渐变工具"，在窗口的上方出现工具的属性栏选项条，如图 1-7 所示。

图 1-7　"渐变工具"属性栏

选项栏中选择应用渐变填充的选项含义如下。

（线性渐变）：以直线从起点渐变到终点（通常在使用时按住鼠标左键，方向是自上至下或自左至右拖曳）。

（径向渐变）：以圆形图案从起点渐变到终点（通常在使用时按住鼠标左键，方向是从里到外拖曳）。

（角度渐变）：以逆时针扫过的方式围绕起点渐变（通常在使用时按住鼠标左键，方向从左上角到右下角拖曳）。

（对称渐变）：在起点的两侧渐变。

（菱形渐变）：以菱形图案从起点向外渐变。终点定义菱形的一个角。

还可以指定填充的混合模式和不透明度。

选择"反向"：反转渐变填充中的颜色顺序。

选择"仿色"：用较小的带宽创建较平滑的混合。

选择"透明区域"：对渐变填充使用透明区域蒙版。

2）钢笔工具

"钢笔工具"属于矢量绘图工具，可以绘制直线和曲线，创建图形形状，在缩放或者变形之后仍能保持平滑效果。使用"钢笔工具"画出来的矢量图形称为路径，矢量路径可以是不封闭的开放路径，如果把起点与终点重合绘制就得到封闭的路径。

在 Photoshop CS6 的工具箱中，选择"钢笔工具"（或按 P 键），如图 1-8 所示。

选择"钢笔工具"，在窗口的上方出现"钢笔工具"属性栏，如图 1-9 所示。

图 1-8　选择"钢笔工具"

图 1-9　"钢笔工具"属性栏

类型：包括 形状 ÷ 、 路径 ÷ 、 像素 ÷ 3 个选项。每个选项所对应的工具属性也不同。"形状"选项是一个封闭的路径，包含有填充颜色的一个形状图层；"路径"选项只是一个路径，没有填充颜色，只生成一个工作路径；"像素"选项要在选择"矩形工具"后才可使用，画的时候自动填充前景色。

建立： 选区... 蒙版 形状 ："建立"是 Photoshop CS6 新加的选项，它可以使路径与选区、蒙版和形状间的转换更加方便、快捷。绘制完路径后单击"选区"按钮，可弹出"建立选区"对话框，在该对话框中设置完参数后，单击"确定"按钮即可将路径转换为选区；绘制完路径后，单击"蒙版"按钮可以在图层中生成矢量蒙版；绘制完路径后，单击"形状"按钮可以将绘制的路径转换为形状图层。

（绘制）：其用法与选区相同，可以实现路径的相加、相减和相交等运算。

（对齐方式）：可以设置路径的对齐方式（文档中有两条以上的路径被选择的情况下可用），与文字的对齐方式类似。

（排列顺序）：设置路径的排列方式。

（橡皮带）：可以设置路径在绘制时是否连续。

自动添加/删除：如果勾选此复选框，当"钢笔工具"移动到锚点上时，"钢笔工具"会自动转换为"删除锚点样式"；当移动到路径线上时，"钢笔工具"会自动转换为"添加锚点样式"。

对齐边缘：将矢量形状边缘与像素网格对齐（单击"形状"按钮时"对齐边缘"可用）。

案例中绘制路径形状的操作步骤如下。

（1）在 Photoshop CS6 的工具箱中选择"钢笔工具"，调整属性选项：类型为"形状"，"填充"为"绿色"，"描边"为"无"，如图 1-10 所示。

（2）在 Photoshop CS6 图像窗口中，在需要绘制线段的位置处单击，创建线段路径的第 1 个锚点，移动光标到另一位置处单击，即可在该点与起点间绘制一条线段路径，如图 1-11 所示。

图 1-10　"钢笔工具"形状属性设置　　　　　　　　　　　图 1-11　直线路径

（3）继续移动光标到下一点处单击，最后将光标移到路径的起点处，单击鼠标即创建了一条封闭的形状路径，如图 1-12 所示。

图 1-12　形状路径

（4）在 Photoshop CS6 的工具箱中选择"钢笔工具"组中的"转换点工具"，如图 1-13 所示。

（5）选择"转换点工具"，在中间的锚点处按住鼠标左键拖曳，会出现两个方向线，通过拖曳方向线可以调整形状，如图 1-14 所示。

图 1-13　选择"转换点工具"　　　　　图 1-14　"转换点工具"操作过程

3）图层蒙版

图层蒙版相当于一块能使物体变透明的布，在布上涂黑色时物体变透明，在布上涂白色时物体显示，在布上涂灰色时物体半透明。

添加图层蒙版，可以通过单击图层控制面板中的"添加图层蒙版"按钮，或者选择"图层"→"图层蒙版"菜单命令即可。

图层蒙版的作用如下。

（1）图层蒙版是一种特殊的选区，但它的目的并不是对选区进行操作；相反，而是要保护选区不被操作。同时，不处于蒙版范围的地方则可以进行编辑和处理。

（2）图层蒙版虽然是一种选区，但它跟常规的选区不同。常规的选区操作是对所选区域进行处理；而蒙版却相反，它是对所选区域进行保护，让其免于操作，而对非掩盖的地方应用操作。

在图层蒙版中只能用黑色、白色和其中间的过渡色（灰色）。蒙版中的黑色就是蒙住当前图层，从而显示出当前图层下面的层；蒙版中的白色则是显示当前层；蒙版中的灰色则是当前图层为半透明状态，当前图层下面的层则若隐若现，如图 1-15 所示。

图 1-15　图层蒙版前后效果

图层蒙版分解：按住 Alt 键单击该图层中的蒙版，可以进入蒙版编辑状态，如图 1-16 所示。

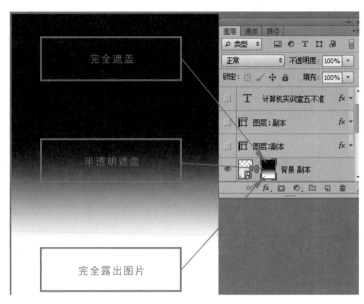

图 1-16 图层蒙版分解

4）文字工具

使用文字工具可以很方便地在图像中输入文字，输入文字后会自动生成一个文字图层。文字工具包括"横排文字工具" T 、"直排文字工具" IT 、"横排文字蒙版工具" T 、"直排文字蒙版工具" IT ，前面两种工具创建横向和竖向文字，后面两种工具创建横向和竖向文字蒙版，它们的使用方法相同。

在 Photoshop CS6 的工具箱中选择"横排文字工具" T ，如图 1-17 所示。

选择"横排文字工具"，在图像窗口中输入的文本以横向排列，窗口的上方出现"横排文字工具"属性栏，如图 1-18 所示。

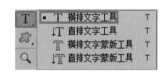

图 1-17 选择"横排文字工具"

图 1-18 "文字工具"属性栏

IT （更改文字方向）：单击该按钮，可以将水平方向的文字转换为垂直方向，或将垂直方向的文字转换为水平方向。

黑体 （字体）：设置文字的字体。单击其右侧的倒三角按钮，在弹出的下拉列表框中可以选择字体。

Regular （字形）：可以设置字体样式。但只有使用某些具有该属性的字体，该下拉列表才能激活，选项包括有 Narrow（窄体）、Regular（标准的）、Italic（斜体）、Bold（加粗）、Bold Italic（加粗并斜体）和 Black（加粗体）。注意，大部分中文字体都不支持"字形"。

IT 126点 （字体大小）：可以单击右侧的倒三角按钮，在弹出的下拉列表框中选择需要的字号或直接在文本框中输入字体大小值。

[aa 浑厚 ▾]（设置消除锯齿的方法）：设置消除文字锯齿的功能，选项包括锐利、犀利、浑厚、平滑。

（对齐方式）：包括左对齐、居中对齐和右对齐，可以设置段落文字的排列方式。

（文本颜色）：设置文字的颜色。单击可以打开"拾色器"对话框，从中选择字体颜色。

（创建文字变形）：单击打开"变形文字"对话框，在该对话框中可以设置文字变形。变形样式有扇形、下弧、上弧、拱形、凸起、贝壳、花冠、旗帜、波浪、鱼形、增加、鱼眼、膨胀、挤压、扭转。

（字符和段落面板）：单击该按钮，可以显示或隐藏"字符"和"段落"面板，用来调整文字格式、段落格式。

在 Photoshop CS6 中设置"字符"格式如图 1-19 所示，设置"段落"格式如图 1-20 所示。

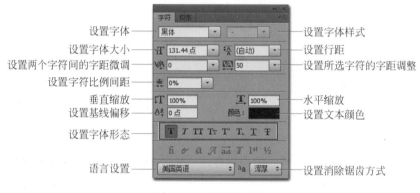

图 1-19　"字符"设置

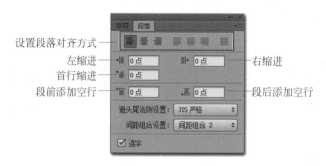

图 1-20　"段落"设置

5）描边图层样式

Photoshop CS6 中的"图层样式"是应用于一个图层或是图层组的一种或多种效果。图层样式中的"描边"指使用颜色、渐变色或图案在当前图层上描画对象的轮廓，就是沿着图层中非透明部分的边缘描边。

添加图层样式"描边"的方法：首先把设置样式的图层作为当前图层，选择"图层"→

"图层样式"→"描边"菜单命令，或者是在图层面板上双击该图层，也可以在图层面板上右击，选择快捷菜单中的"混合选项"命令，即可弹出"图层样式"对话框，如图 1-21 所示。

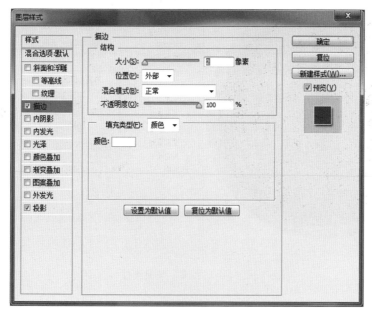

图 1-21　"图层样式"的"描边"选项

"大小"：设置描边的宽度。

"位置"：设置描边的位置，选项包括外部、内部和居中。注意描边和选区之间的关系，如图 1-22 所示。

"填充类型"：填充类型分为 3 种，分别是颜色填充、渐变填充（图 1-23）和图案填充（图 1-24）。

图 1-22　"描边"位置效果

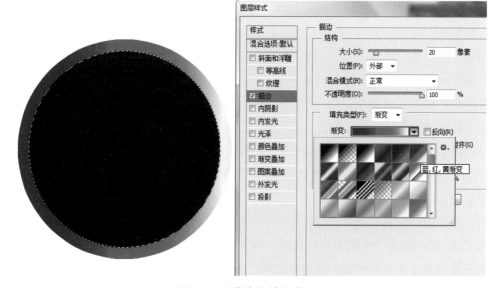

图 1-23　"渐变"填充类型

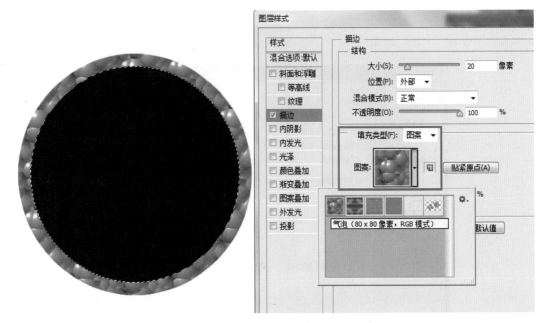

图 1-24　"图案"填充类型

　　注：不能将"图层样式"应用于背景图层、锁定图层。如果要将"图层样式"应用于背景图层，需要将该背景图层转换为普通图层。

1.2　教室名人名言挂画设计

　　1. 任务描述

　　任务背景：新生入校之际、班级成立之初都是班级文化建设的好时机。要求为教室设计教室文化的名人名言挂画。

　　任务要求：挂画尺寸为 60cm×120cm。要求整洁不乱，背景可以浅色为主、醒目、大方、突出主题。

　　2. 任务效果图

　　任务效果如图 1-25 所示。

　　3. 任务实施

　　（1）启动 Photoshop CS6 软件，选择"文件"→"新建"菜单命令，新建图像文件，宽为"60cm"，高为"120cm"，分辨率为"100 像素/英寸"，颜色模式为"RGB 颜色"，填充背景色为（#d5d9b2）。

　　（2）添加素材"背景.jpg"，将"背景"图层栅格化，用矩形选框工具选取上半部分，羽化为"60px"，单击"图层"→"新建"→"通过剪切的图层"，并放置于图像中的上方，下半部分放置于图像中的下方，图层模式为"正片叠底"，如图 1-26 所示。

　　（3）新建图层，前景色为黑色，选择"圆角矩形工具"　，设置工具属性栏中的工具

图 1-25 名人名言挂画效果

图 1-26 使用"正片叠底"图层模式

模式为"像素",半径为"100 像素",绘制圆角矩形,添加素材"人物 .jpg",当前层为"人物"图层,右击,选择快捷菜单中的"创建剪贴蒙版"命令,效果如图 1-27 所示。

图 1-27 创建剪贴蒙版

教室名人名言挂画设计

（4）选择"直排文字工具" ，输入文字"聪明在于学习 天才在于积累",字体为钟齐陈伟勋硬笔行书,字体大小为 250 点;输入文字"华罗庚",字体为黑体;输入文字"中国现代数学之父",字体为华文楷体,如图 1-28 所示。

图 1-28　名人名言挂画和图层效果

4. 印刷要求

（1）挂牌印刷尺寸：宽为 60cm，高为 120cm，分辨率为 350 像素 / 英寸以上，可设置四边各出血 5mm。

（2）文件保存格式为 PSD、JPG。

（3）挂牌材料有以下几种。

① PP 胶片。俗称海报，精美胶质、精度高，但后面没有自带的胶面，客户可用双面胶贴在墙体上，可多次使用。

② 背胶。与 PP 胶片的区别是它有自带的胶面，客户撕开后面的薄膜贴在墙体上。背胶有可移动和不可移动之分，可移动背胶指贴至玻璃、木板等表面时，不会在表面留下胶水，甚至等广告过期了再撕下来也不会留下任何残留物。而不可移动背胶是背面撕去薄膜后有胶可粘贴，万一粘贴错误也是不容易撕的，时间长了撕下来也会有残留物。

③ 相纸。俗称海报，精美相纸纸质好、精度高，没有自带的胶面。

④ 背胶裱普通板。就是将背胶贴在一种类似泡沫板的特制 KT 板上，然后四周加上边条，形成一幅画框。该材料轻便，可作为公司装饰、展会展示使用。

⑤ 背胶裱优质板。与普通板的区别在于，长时间使用板面不会有气泡产生。

⑥ 透明背胶。背胶的另一种，但是此类材料具有透明现象，多数用于门口张贴，此材质高贵大方，是展示公司形象的一种选择。

5. 技巧点拨

1）正片叠底模式

"正片叠底"模式在 Photoshop 中也被称为图层的混合模式，这种模式可以用来着色并作为一个图像层的模式。

（1）查看每个通道中的颜色信息，并将基色与混合色复合，结果色总是较暗的颜色。

（2）任何颜色与黑色复合均产生黑色。

（3）任何颜色与白色复合均保持不变。

（4）当用黑色或白色以外的颜色绘画时，绘画工具绘制的连续描边产生逐渐变暗的颜色。这与使用多个魔术标记在图像上绘图的效果相似。

"正片叠底"图层模式操作方法：在当前图层上，单击图层模式"正常"选项可以看到27种图层混合模式选项，选择"正片叠底"模式，如图1-29所示。

2）圆角矩形工具

在Photoshop CS6的工具箱中选择"圆角矩形工具" 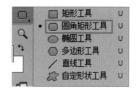，如图1-30所示。

图1-29 "正片叠底"图层模式　　图1-30 选择"圆角矩形工具"

"圆角矩形工具"可以绘制圆角矩形或圆角矩形路径。选择"圆角矩形工具"后，在窗口上方出现"圆角矩形工具"属性栏，如图1-31所示。单击工具模式选项，弹出"形状""路径""像素"选项，分别用于创建填充图形、创建矩形路径和填充像素，如图1-32所示。

图1-31 "圆角矩形工具"属性栏

在"圆角矩形工具"属性栏中可以设置圆角矩形半径的大小，如图1-33所示。可分别设置"半径"为"10像素""50像素""100像素"，如图1-34所示，可以看出半径像素越大，圆角矩形的弧度就越大。

创建填充像素圆角矩形的操作方法：选择"圆角矩形工具"，在其属性栏中设置工具"模式"为"像素"，圆角"半径"为"100像素"，按住鼠标左键拖动，绘制圆角矩形，如图1-35所示。

图1-32 "圆角矩形工具"选项

图1-33 圆角矩形设置"半径"

图 1-34 "圆角矩形工具"设置不同像素的半径效果

图 1-35 创建圆角矩形

3）创建剪贴蒙版

Photoshop CS6 中的"创建剪贴蒙版"是一组具有剪贴关系的图层，主要由两部分组成，即基底图层和内容层。内容层只显示基底图层中有像素的部分，其他部分隐藏。在 Photoshop CS6 蒙版中的基底图层名称带有下画线，上层图层的缩略图（也就是内容层）是缩进的，并且在左侧显示有剪贴蒙版图标，如图 1-36 所示。

图 1-36 剪贴蒙版图层关系

"创建剪贴蒙版"的 3 种操作方法如下。

（1）在 Photoshop CS6 菜单栏中选择"图层"→"创建剪贴蒙版"命令。

（2）在当前图层面板中右击，选择快捷菜单中的"创建剪贴蒙版"命令。

（3）按 Alt+Ctrl+G 组合键。

4）添加字体

Photoshop CS6 中的字体是安装系统自带的字体，如果想要各式各样的字体，就需要添加新的字体，添加字体的操作步骤如下。

（1）首先要在百度上搜索想要的字体，将字体下载到自己的计算机上，选择下载好的字体，右击，选择快捷菜单中的"复制"命令。

（2）打开"控制面板"，如图 1-37 所示，找到"字体"文件夹，进入"字体"文件夹，右击，选择快捷菜单中的"粘贴"命令，就完成了字体的添加，如图 1-38 所示。

图 1-37　控制面板

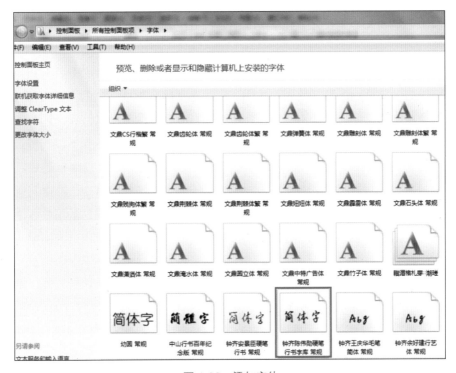

图 1-38　添加字体

第2章

海报设计

本 章 学 习 要 点

- 掌握商业海报、影视海报、文化海报、公益海报的设计方法。
- 掌握任务中相关工具和菜单的使用方法和技巧。

　　海报是一种信息传递艺术，是一种大众化的宣传工具。海报设计必须具有相当强的号召力与艺术感染力，要调动形象、色彩、构图、形式感等因素形成强烈的视觉效果；它的画面要有较强的视觉中心，要力求新颖、单纯，还必须具有独特的艺术风格和设计特点。

　　海报也称为招贴画。通常是贴在街头墙上，挂在橱窗里的大幅画作，以其醒目的画面吸引路人的注意，海报设计总的要求是使人一目了然。一般的海报通常含有通知性，所以主题应该明确显眼、一目了然（如技能大赛、武术协会等），接着以最简洁的语句概括出如时间、地点、附注等主要内容。海报的插图、布局的美观通常是吸引眼球的很好方法。在实际生活中，有比较抽象的和具体的。海报种类按其应用的不同，大致可以分为商业海报、影视海报、文化海报和公益海报等。

2.1　商业海报设计

本节知识点和技能如下。

（1）Photoshop CS6 中画笔工具、套索工具、魔棒工具的操作方法和技巧。

（2）Photoshop CS6 中图层模式、文字栅格化、模糊滤镜的使用。

（3）了解商业海报的设计方法。

2.1.1　手机宣传海报设计

1. 任务描述

任务背景：华为手机分店要为新出的一款华为手机 P10 做一张宣传海报，要张贴在店门位置。HUAWEI P10 凝聚了当代工艺美学与时尚设计灵感。前置一体指纹，圆润轻薄机身。钻雕金、陶瓷白和玫瑰金等，具有独特风格，引领你走在时尚前沿。

　　任务要求：要求有明确的主题，简洁、大气，视觉效果强烈，产品图明显，广告文字突出。

2. 任务效果图

任务效果图如图 2-1 所示。

图 2-1　手机宣传海报效果图

3. 任务实施

（1）启动 Photoshop CS6 软件，选择"文件"→"新建"菜单命令或按 Ctrl+N 组合键，弹出"新建"对话框，在"预设"下拉列表中选择"国际标准纸张 A4 纸"，"分辨率"为"200 像素/英寸"，"颜色模式"为"RGB 颜色"，"名称"为"手机宣传海报"，如图 2-2 所示。

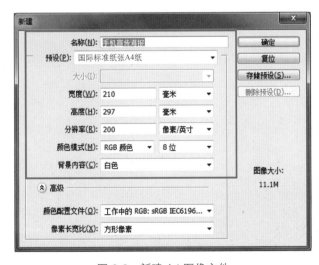

图 2-2　新建 A4 图像文件

手机宣传海报设计

（2）选择"图像"→"图像旋转"→"90 度（顺时针）"菜单命令，将图像文件调节为横向，选择"画笔工具" ，在画布上进行涂抹，如图 2-3 所示。

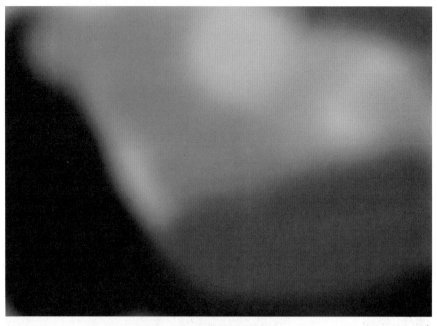

图 2-3　画笔涂抹效果

（3）选择"滤镜"→"模糊"→"高斯模糊"菜单命令，模糊"半径"为"268 像素"，选择"图像"→"调整"→"亮度 / 对比度"（亮度 +55、对比度 +26）菜单命令，将新建图层命名为"左"，前景色为"灰色"，用画笔在左边涂抹，图层模式为"颜色减淡"，不透明度为"65%"，将新建图层命名为"右"，前景色为"橙色"，用画笔在右边涂抹，图层模式为"叠加"，如图 2-4 所示。

图 2-4　左、右两边涂抹并添加图层模式

（4）打开"手机.jpg"素材，选择"套索工具" 抠图，使用"磁性套索工具" 和"多边形套索工具" 去除背景，并将"手机"拖至"手机宣传海报"图像文件中，如图 2-5 所示。

图 2-5　添加"手机"素材

（5）打开"商标.jpg"素材，用"魔棒工具"去除背景并描边，拖至海报文件中，并调整位置和大小。添加文字"HUAWEI 华为 P10""2017 值得期待的手机""麒麟 960/4GB+64/128G""800W 前置 +2000W 黑白、1200W 彩色后置""圆润机身 前置一体指纹""全网通 4G 手机震撼发售"，"P10"字体为 Britannic Bold，其他字体为黑体，如图 2-6 所示。

图 2-6　添加商标和文字

（6）复制"震撼发售"图层，文字为白色并栅格化，按 Ctrl+Alt+（↓和→键不断切换）组合键，合并"震撼发售"白色图层，并用"多边形套索工具"删除多余部分，如图 2-7 所示。

4. 印刷要求

（1）海报为店铺橱窗海报，尺寸为宽 80cm、高 60cm，分辨率在 100 像素 / 英寸以上，设置四边各出血 3~5mm。

图 2-7　文字栅格化做立体效果

（2）文件保存格式为 TIF 或 JPG（保存文件需要合并图层，防止字体等变形）。

（3）将海报文件的颜色模式设置为 CMYK 模式（海报为喷绘）。

（4）喷绘用纸可以使用高光相纸，用水性墨水喷绘，画面高清、鲜艳；或采用高清 PP 胶，可防水且不褪色。

5. 技巧点拨

1）图像旋转 90 度

在 Photoshop 中处理图片时，有时需要把图像文件进行旋转成横向或竖向，可以使用旋转画布的操作，其操作方法：在菜单栏中选择"图像"→"图像旋转"→"90 度顺时针"命令，如图 2-8 所示。

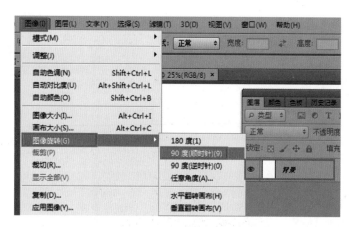

图 2-8　图像旋转 90 度

2）画笔工具

在 Photoshop CS6 的工具箱中单击"画笔工具"按钮 ，如图 2-9 所示，或按 Shift+B 组合键自动切换为"画笔工具"。使用"画笔工具"可以绘制硬画笔效果和柔软画笔效果，画笔的颜色为工具箱中的前景色。使用"画笔工具"类似于用真实画笔绘制线条。

图 2-9　选择"画笔工具"

"画笔工具"是工具中较为重要且复杂的一款工具，运用非常广泛。可以通过画笔工具的属性设置，如画笔大小、硬度、不透明度、流量等，并能按自己的喜好调节出所需的画笔效果。选择"画笔工具"，在窗口的上方出现"画笔工具"属性栏，如图 2-10 所示。

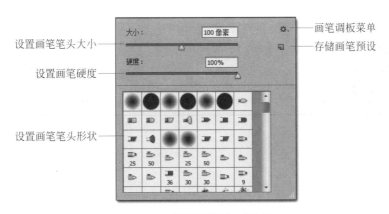

图 2-10 "画笔工具"属性栏

在"画笔工具"属性栏中单击"画笔预设"按钮 ，弹出"画笔预设"对话框，在该对话框中可以设置画笔笔头大小、画笔硬度、画笔笔头形状等，如图 2-11 所示。

设置画笔笔头大小——
设置画笔硬度——
设置画笔笔头形状——
——画笔调板菜单
——存储画笔预设

图 2-11 "画笔预设"对话框

"大小"：设置大小值越大，画笔笔尖越粗。使用"画笔工具"时，按"["键可以减少画笔的直径大小，按"]"键可以增加画笔的直径大小。

"硬度"：设置其数值越大，画笔笔尖的边缘越清晰。

绘制的画笔如果需要保持直线效果，可以在绘制时按住 Shift 键，按住 Shift 键还可以绘制水平、垂直或 45° 角的直线。

3）高斯模糊

"高斯模糊"的原理是根据高斯曲线调节像素值，它是有选择地模糊图像。"半径"取值越大，模糊效果越强烈。

在 Photoshop CS6 的菜单栏中选择"滤镜"→"模糊"→"高斯模糊"命令，图层效果如图 2-12 所示。

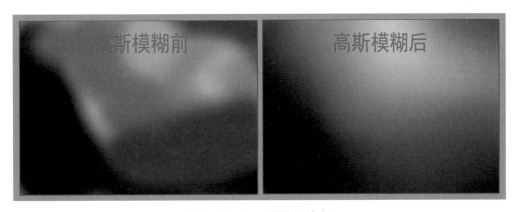

图 2-12 "高斯模糊"效果

4）颜色减淡模式

"颜色减淡"模式赋予图像明亮的色彩效果，该模式加亮底色以反映混合颜色，与黑色混合不会产生变化。

在 Photoshop CS6 中选择当前图层，在"图层"面板中单击"正常"模式选框，在弹出的界面中选择"颜色减淡"模式，如图 2-13 所示。

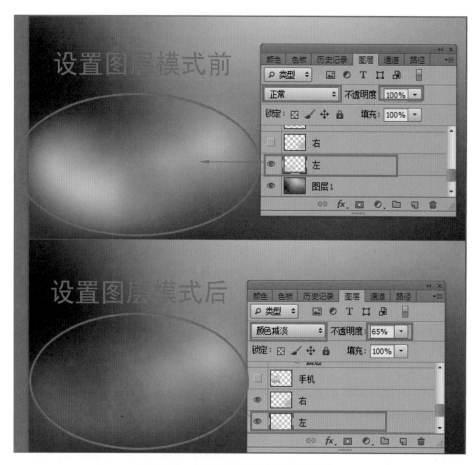

图 2-13　图层模式"颜色减淡"设置

5）叠加模式

"叠加"模式用混合颜色的图案或颜色覆盖底色，但底色不会被完全替换，它会与混合颜色混合以反映原颜色的亮度或暗度。

在 Photoshop CS6 中选择当前图层，在"图层"面板中单击"正常"模式，在弹出的界面中选择"叠加"模式，如图 2-14 所示。

6）套索工具

矩形选择工具组对选择复杂图形区域时会显得功能不够，为此 Photoshop 提供了"套索工具"。该组工具包括"套索工具""多边形套索工具""磁性套索工具"。

"套索工具" ： 相当于一支笔随手画，所画的区域为选择区域。选择这个工具，然后

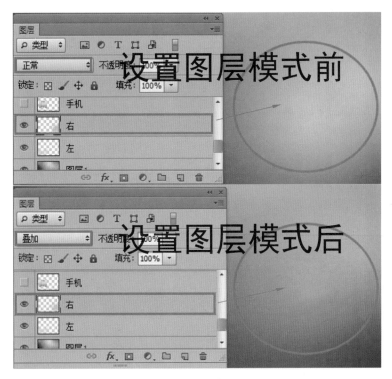

图 2-14　图层模式"叠加"设置

按住鼠标左键开始沿着鼠标轨迹把选区描绘出来，最后松开鼠标，即可完成。

"多边形套索工具"![img]：可以建立多边形选区，与"套索工具"不同，"多边形套索工具"建立的选区是由直线围成的多边形。

"磁性套索工具"![img]：能自动捕捉复杂图形的边框，用"磁性套索工具"建立的控制点能自动紧贴图像对比最强烈的地方，好像磁铁一样具有吸附性，可以更加方便地建立复杂选区，是抠图中较为常用的工具。

在 Photoshop CS6 的工具箱中选择"磁性套索工具"![img]，如图 2-15 所示。

"宽度"：可选范围为 1~256 像素，对于某一给定的数值，"磁性套索工具"将以当前用户光标所处的点为中心，以此数值为宽度范围，在此范围内寻找对比强烈的边界点作为选界点。

图 2-15　选择"磁性套索工具"

"频率"：可以在 0~100 选择任一数值输入，它对"磁性套索工具"在定义选区边界时插入的定位锚点起着决定性的作用，数值越高则插入的定位锚点就越多；反之定位锚点就越少。

"对比度"：可选范围为 0%~100%，它控制了"磁性套索工具"选取图像时边缘的反差，输入的数值越高，则"磁性套索工具"对图像边缘的反差越大，选取的范围也就越准确。

"磁性套索工具"的操作方法：在工具箱中选择"磁性套索工具"，在图像边缘单击鼠标左键定一个起点，松开鼠标左键，沿着图像边缘慢慢移动，最后在终点单击闭合选区，如图 2-16 所示。"磁性套索工具"产生的路径会被自动吸附到图像的边缘，如果在此过程中产生的路径不是想要的，可以按 Backspace 键返回上一个路径。

用磁性套索工具选取后，可以把背景删除，从而抠出物体

图 2-16   "磁性套索工具"抠图去除背景

7）魔棒工具

"魔棒工具"是根据颜色相似原理，可以选择颜色相似的区域。"魔棒工具"常用于抠出颜色相近的区域。

在 Photoshop CS6 的工具箱中选择"魔棒工具" ，如图 2-17 所示。

"容差"：指所选取图像的颜色接近度，也就是说容差越大，选择相似区域就越多。

"清除锯齿"：用于消除选区边缘的锯齿。

"连续"：勾选该复选框，可以只选取相邻的图像区域；未勾选该复选框时，可将不相邻的区域也添加入选区。

"用于所有图层"：当图像中含有多个图层时，勾选该复选框，将对所有可见图层的图像起作用；没有勾选时，只对当前图层起作用。

"魔棒工具"的操作方法：在工具箱中选择"魔棒工具"，在需要去除背景的位置上单击，按 Delete 键，将背景选区删除，如图 2-18 所示。

背景是一色并且与物体颜色反差较大，用"魔棒工具"单击背景即可以取出背景

图 2-17   选择"魔棒工具"   图 2-18   用"魔棒工具"去除背景

注："魔棒工具"抠图原则上要求背景杂色少、对比明显。

8）文字栅格化

用"文字工具"生成的文字在未栅格化前可以重新编辑，如更改内容、字体、字号等。但"文字工具"无法进行使用滤镜或删除文字中的某一部分等操作，因此，使用栅格化命令将文字栅格化，可以制作更加丰富的效果，制作出样式多样、漂亮的文字。

方法一：在 Photoshop CS6 的工具箱中选择"文字工具"，输入文字，在菜单栏中选择"图层"→"栅格化"→"文字"命令，如图 2-19 所示。

方法二：在窗口右侧打开"图层"面板，右击文字图层，在弹出的快捷菜单中选择"栅格化文字"命令，如图 2-20 所示。

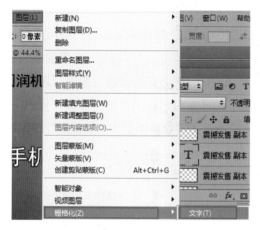

图 2-19　使用菜单命令"栅格化文字"

图 2-20　使用"图层"面板"栅格化文字"

2.1.2　房地产海报设计

1. 任务描述

任务背景：需要为 ××× 海景房做广告设计，制作要求体现高档、舒适、优美，吸引客户。××× 实行设计、建筑、物业等一体化开发模式；高品质产品、优质园林环境、完善的配套设施、国家一级资质物业服务等因素构成了其家园模式，为市场提供了大量物超所值的高品质人居产品。

任务要求：设计宣传海报，派发海报尺寸为 A4 纸，张贴海报尺寸为 60cm×80cm。要求简洁、有力、大气，引人注意，画面具有美感、温馨舒适、意境深刻。

2. 任务效果图

任务效果图如图 2-21 所示。

3. 任务实施

（1）启动 Photoshop CS6 软件，选择"文件"→"新建"菜单命令，新建"国际标准纸张 A4 纸"，分辨率为"200 像素 / 英寸"，颜色模式为"RGB 颜色"，填充背景色为"咖啡色"（#802b0d）。

图 2-21　房地产海报效果图　　　　　　　　　　　房地产海报设计

　　（2）打开"背景图案 .jpg"素材，按 Ctrl+A 组合键全选，在菜单栏中选择"编辑"→
"定义图案"菜单命令，返回海报图像文件，新建图层 1。选择"编辑"→"填充"菜单命
令，将定义好的图案进行填充，将该图层模式改为"正片叠底"，不透明度为"50%"，如
图 2-22 所示。

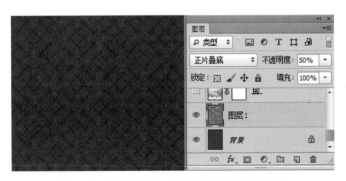

图 2-22　填充图案并改变图层模式和不透明度

（3）添加"高楼.jpg"素材，在菜单栏中选择"图层"→"新建调整图层"→"可选颜色"命令，在弹出的对话框中勾选"使用前一图层创建剪贴蒙版（P）"复选框，在可选属性栏中选择"绝对"，分别调整：红色（青色+1，洋红+51），青色（洋红+17，黄色+11，黑色+23），蓝色（黄色+66，黑色+30），白色（洋红+2，黄色+18），中性色（洋红+6，黄色+23，黑色+12），如图2-23所示。

图 2-23 新建"可选颜色"

（4）新建图层，在工具栏中选择"矩形选框工具" ，绘制长矩形选区，选择"线性渐变工具" ，在渐变编辑器中设置渐变颜色（#c75c00-#fdd600-#fa6900-#fdd600-#c75c00），从左到右拖曳，复制渐变条图层，放置在"高楼"图层的上、下位置。选择文字工具，输入文字"倾城而出"，设置字体为钟齐陈伟勋行书，字体大小为110点，浑厚，仿粗体，字符间距为-75；文字图层添加图层样式为"斜面和浮雕"（内斜面，平滑，深度为480%，大小为12像素，软化为5像素，角度为120度，高度为30度，光泽等高线为"画圆步骤"，高光为滤色#fbf5f5，不透明度为95%，阴影模式为正片叠底，#fb9a01，不透明度为35%，等高线为环形）；添加图层样式"渐变叠加"（混合模式为正常，不透明度为100%，渐变为#f8fb02-#fcf5b9，样式为线性，角度为90度），栅格化文字，选择"编辑"→"变换"→"变形"菜单命令，调整文字，拖动文字四个顶点，效果如图2-24所示。

（5）打开"LOGO.jpg"素材，用"色彩范围"菜单抠图，拖至海报文件中，调整LOGO的大小和位置，并添加图层样式"外发光"（混合模式为滤色，不透明度为100%，颜色为白色，大小为3，范围为50%），新建图层，输入文字"-创造传奇，超越生活想象-"，字体为锐字锐线怒放黑简，字体大小为30点，再添加其他文字，完成海报，如图2-25所示。

图 2-24　添加文字和渐变

图 2-25　海报效果和图层

4.印刷要求

（1）本案例中房地产海报尺寸：印刷后派发海报尺寸为 A4 纸大小；印刷后张贴海报尺寸为 60cm×80cm。设置四边各出血 5mm。

（2）分辨率在 300 像素 / 英寸以上，颜色模式设置为 CMYK 模式。

（3）图层中使用的不透明度不能低于 8%。

（4）文件保存格式为 JPG、PSD、TIF。

（5）印刷使用 157 克铜版纸，可覆膜（性价比高，纸质厚实）。

5. 技巧点拨

1）定义图案

Photoshop 中的"定义图案"是一个特别好用的功能，使用它可以把自己喜欢的任何图像定义为图案，并用定义的图案制作精美的作品。通常用定义的图案来填充背景图层，"定义图案"的操作步骤如下。

（1）打开素材"背景图案 .jpg"。

（2）选择"矩形选框工具"，设置羽化为"0"，拖动鼠标选取图案部分，或按 Ctrl+A 组合键全选，选择"编辑"→"定义图案"菜单命令，如图 2-26 所示。

图 2-26　"图案名称"对话框

（3）返回海报图像文件，新建图层，选择"编辑"→"填充"菜单命令。在弹出的"填充"对话框中，将"内容"设置为"图案"，在"自定图案"中选择自己定义好的图案，如图 2-27 所示。

图 2-27　"填充"对话框

2）可选颜色

"可选颜色"是一款非常细腻的调色工具，是通过在图像中每个加色和减色的原色分量中增加和减少印刷色来改变图像效果，在调整时图像的其他颜色不会受到影响。

"可选颜色"的调整面板中有各种颜色可以选择，如红、黄、绿、青、蓝、洋红。同时还有区块颜色可以选择，如白色、中性色、黑色，这三部分其实就是高光、中间调和暗部。调色时选择某种需要调整的颜色，然后设置参数即可调色。与其他调色工具一样，调好一种颜色后可以再调整其他的颜色。

注："相对"复选框被勾选后，在对话框中所作的调整将按照总量的百分比来更改图像颜色，该选项不能调整纯反白光，因为它不包含颜色成分。"绝对"复选框被勾选后将采用绝对值调整颜色。

"可选颜色"的操作步骤如下。

（1）在菜单栏中选择"图层"→"新建调整图层"→"可选颜色"命令。或者在"图层"面板中下方单击"创建新的填充或调整图层"按钮 ，在弹出的菜单中选择"可选颜色"命令，如图 2-28 所示。

（2）在弹出的对话框中单击"颜色"设置条框，选择相对应需要调整的颜色进行设置，如图 2-29 所示。

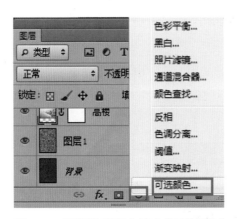

图 2-28　"图层"面板中创建"可选颜色"　　　图 2-29　"可选颜色"对话框

3）斜面和浮雕

"斜面和浮雕"可以说是在 Photoshop 图层样式中最复杂的功能，其中包括内斜面、外斜面、浮雕、枕形浮雕和描边浮雕，虽然每一项中包含的设置选项都是一样的，但是制作出来的效果却大相径庭。

"样式"：包括内斜面、外斜面、浮雕、枕形浮雕、描边浮雕。

"方法"：包括平滑（Soft）、雕刻柔和（Chisel Soft）、雕刻清晰（Chisel Hard）。其中"平滑"是默认值，选中该选项可以对斜角的边缘进行模糊，从而制作出边缘光滑的效果。

"深度"：必须和"大小"配合使用，"大小"值一定的情况下，用"深度"值可以调整高台的截面梯形斜边的光滑程度。比如在"大小"值一定的情况下，不同的"深度"值会产生不同的效果。

"方向"：只有"上"和"下"两种，其效果和设置"角度"是一样的。在制作按钮时，"上"和"下"可以分别对应按钮的正常状态和按下状态，比使用角度进行设置更方便、更准确。

"大小"：用来设置高台的高度，必须和"深度"配合使用。

"软化"：一般用来对整个效果作进一步模糊，使对象的表面更加柔和，减少棱角感。

"角度"：斜角和浮雕的角度调节不仅能够反映光源方位的变化，而且可以反映光源和对象所在平面所成的角度。

"使用全局光"：勾选时表示所有的样式都受同一个光源的照射。也就是说，在图层上调整一个样式（比如投影样式）的光照效果，再调整其他样式的光照效果也会自动进行完全一样的调整。

"光泽等高线"：用以控制整体的明暗效果。

"高光模式"和"不透明度"：调整高光层的颜色、混合模式和透明度的。

"阴影模式"和"不透明度"：阴影模式和高光模式的设置原理是一样的，但是由于阴影层的默认混合模式是正片叠底（Multiply），有时修改了颜色后会看不出效果。

本案例文字"倾城而出"的斜面和浮雕的设置如图 2-30 所示。

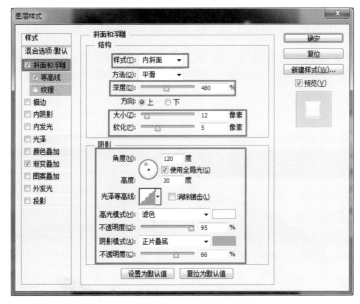

图 2-30 文字"倾城而出"斜面和浮雕的设置

4）变形命令

在 Photoshop 中几乎每张照片都要用到"自由变换工具"，其快捷键为 Ctrl+T，它常与功能键 Ctrl、Shift、Alt 组合搭配，其中，Ctrl 键控制自由变换，Shift 键控制方向、角度和等比例缩放，Alt 键控制中心对称。熟练掌握它的用法会给工作带来极大的方便。

"自由变换"命令功能强大，包含变形、缩放、旋转等多个子命令。其中变形命令可以对图像的局部内容进行扭曲，"自由变换"的操作步骤如下。

（1）在当前图层中，选择"编辑"→"变换"→"变形"菜单命令，或按 Ctrl+T 组合键，右击，选择快捷菜单中的"变形"命令，如图 2-31 所示。

（2）图像出现变形网格和锚点，这时按住鼠标左键拖曳锚点或调整锚点的方向线，可以对图像进行更加自由和灵活的变形处理，如图 2-32 所示。

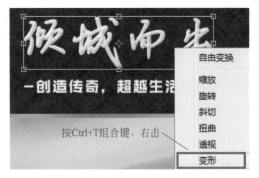

按Ctrl+T组合键，右击

图 2-31　按 Ctrl+T 组合键右击选择"变形"命令　　　　图 2-32　"变形"命令编辑

5）色彩范围

"色彩范围"是通过指定颜色或灰度来创建选区的工具，通过准确设定颜色和容差，能控制选区的范围。前面学过的"魔棒工具"也是设定了一定的"颜色容差"来建立选区，但是"色彩范围"提供了更多的控制选项，更为灵活，功能更为强大。

"色彩范围"的操作方法：选择"选择"→"色彩范围"菜单命令，在弹出的"色彩范围"对话框中选择所需的颜色，单击"确定"按钮，便会按所选颜色生成选区，如图 2-33所示。

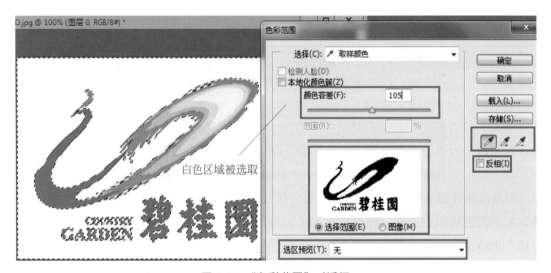

图 2-33　"色彩范围"对话框

"选择"：选定颜色和灰度（高光、中间调、阴影）的功能。

"颜色容差"：可用滑块或输入数字来确定取样颜色范围。

"取样吸管"：取样方式的选择。选择一种吸管，单击颜色取样点，则与取样点颜色在容差范围内的图像被选取。

"预览框显示方式"："选择范围"是在建立选区后，在预览框中只预览选区，一般选择此项。"图像"是在预览框中预览整个图像。

"选区预览":选择查看选区的方式,可用"无""黑色杂边""快速蒙版"等方式。

"反相":选择非取样区域。

2.2　影视海报设计

本节知识点和技能如下。

(1) Photoshop CS6 中橡皮擦、裁剪工具的操作方法和技巧。

(2) Photoshop CS6 中羽化、图层蒙版、径向模糊、图层模式、色彩范围、图层样式、调整图层的使用。

(3) 了解电影和电视海报的设计方法。

影视海报是海报的分支,影视海报主要起到吸引观众注意的作用,与戏剧海报、文化海报等有几分类似。

2.2.1　电影海报设计

1. 任务描述

任务背景:《赏金猎人》以多个城市为背景,讲述了 5 位赏金猎人因为意外相识、相交,继而团结一心惩奸除恶的故事。

任务要求:设计电影海报,要求符合主题风格,视觉感强烈、醒目突出、引人注意。

2. 任务效果图

任务效果图如图 2-34 所示。

图 2-34　电影海报效果图

电影海报设计

3. 任务实施

（1）启动 Photoshop CS6 软件，选择"文件"→"新建"菜单命令，新建图像文件为"A4 纸"，分辨率为"200 像素 / 英寸"，颜色模式为"RGB 颜色"，名称为"赏金猎人海报"。选择"图像"→"图像旋转"→"90 度（顺时针）"菜单命令，把图像文件调整为横向。

（2）打开"素材 1.jpg"，用"裁剪工具"裁剪成如图 2-35 所示，并按 Enter 键确定。

图 2-35　裁剪"素材 1"

（3）在"图层"面板中，双击背景图层转为普通图层，如图 2-36 所示。

图 2-36　背景图层转为普通图层

（4）使用"钢笔工具"对图层中的人物背部进行抠图，按 Delete 键删除。使用"套索工具"抠取人物，选择"选择"→"修改"→"羽化"命令，半径为"3"，如图 2-37 所示。

（5）在菜单栏中选择"图层"→"图层蒙版"→"显示选区"菜单命令，把该图层拖至海报图像文件中，选择"编辑"→"自由变换"菜单命令或按 Ctrl+T 组合键，将人物调整至适合大小，并使用"橡皮擦工具"擦除边缘，使之更融合，将该图像命名为"素材 1"，如图 2-38 所示。

图 2-37　抠取"素材 1"人物

图 2-38　调整人物效果

（6）打开"素材 2.jpg"，选择"磁性套索工具"和"多边形套索工具"，将人物抠出，并羽化为"3 像素"，使用"橡皮擦工具"擦除边缘，使之更融合，拖至海报文件中，按 Ctrl+T 组合键进行水平翻转，并将该图层调换至"素材 1"下方，命名为"素材 2"，如图 2-39 所示。

（7）添加素材"背景 1.jpg"，按 Ctrl+T 组合键自由变换，调整好大小，将该图置于背景图层上方，命名为"背景 1"，添加图层蒙版（单击"图层"面板中的 ▣ 按钮），选择"线性渐变"工具 ▣，在图层蒙版中做白色到黑色渐变，如图 2-40 所示。

（8）添加素材"背景 2.jpg"，按 Ctrl+T 组合键自由变换，调整大小，选择"滤镜"→"模糊"→"径向模糊"菜单命令，如图 2-41 所示。

图 2-39 添加"素材 2"

图 2-40 素材背景 1"添加图层蒙版"

图 2-41 "径向模糊"对话框

（9）将"背景 2"图层模式改为"强光"模式，单击"图层"面板中的"添加图层蒙版"按钮，如图 2-42 所示。默认前景色和背景色，或按 D 键，图层"背景 2"为当前层，按 Ctrl 键单击"素材 1"图层蒙版缩略图，再按 Ctrl+Shift 组合键单击"素材 2"图层蒙版缩略图（这时"素材 1"和"素材 2"的图层蒙版白色区域被作为选区），使用"橡皮擦工具"，设置"橡皮擦工具"属性不透明度为"22%"，在"背景 2"中擦除选区（即人物脸及身体部分），不透明度为"90%"，如图 2-43 所示。

图 2-42　添加素材"背景 2"，"强光"图层模式

图 2-43　用"橡皮擦工具"在图层蒙版中涂抹

（10）打开"标题文字 .jpg"素材，双击背景转为普通图层，选择"选择"→"色彩范围"菜单命令，在弹出的对话框中设置"选择"为"阴影"，如图 2-44 所示，单击"确定"按钮，按 Delete 键删除黑色背景，如图 2-45 所示。

（11）将处理后的"标题文字"拖至海报图像文件中，按 Ctrl+T 组合键自由变换，调整标题文字大小，选择"图像"→"调整"→"亮度 / 对比度"菜单命令，设置亮度为 +36、对比

图 2-44　"标题文字"使用"选择范围"

图 2-45　抠出"标题文字"

度为 +76，选择"图层"→"图层样式"→"投影"菜单命令，设置角度为 −50、距离为 7、大小为 1，选择"图像"→"调整"→"曲线"菜单命令，完成标题文字制作，如图 2-46 所示。

图 2-46　标题文字添加"投影""对比度""曲线"

（12）在 Photoshop CS6 的工具箱中选择"文本工具" ，输入文字"全国上映"，字体为黑体，字体大小为 48 点，单击"字符面板"按钮 ，设置为仿斜体和仿粗体，选择"图层"→"图层样式"→"渐变叠加"菜单命令，设置渐变色（浅黄 #ead23c- 暗黄 #eaa254），如图 2-47 所示。选择"直排文本工具" ，输入文字"钟汉良饰、李敏镐饰"，文字颜色为黄色（#f5d746），选择"图层"→"图层样式"→"描边"菜单命令，设置描边颜色为黑色，数量为 2，文字图层都分别添加"投影"，设置"距离"为 2、"大小"为 5，如图 2-48 所示，完成海报。

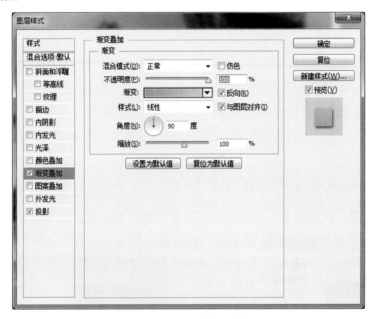

图 2-47　设置"渐变叠加"

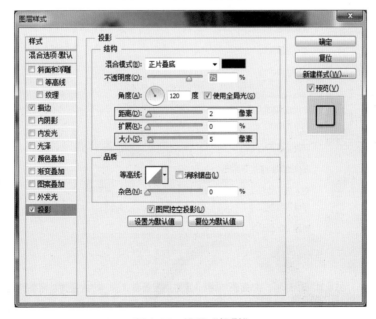

图 2-48　设置"投影"

4. 印刷要求

（1）电影海报尺寸有 42cm×57cm、50cm×70cm、60cm×90cm、70cm×100cm，这里需要印刷的海报使用的尺寸：宽为 50cm，高为 70cm，分辨率在 350 像素 / 英寸以上。

（2）文件保存格式为 TIF、PSD、JPG。

（3）出血尺寸：上、下、左、右各留 3mm，以防有白边，将海报文件的颜色模式设置为 CMYK 模式。

（4）海报采用高档哑膜加覆膜，质感好，档次高，防水，灯照下不返光，可用湿布擦拭。

5. 技巧点拨

1）羽化

"羽化"是 Photoshop 中重要的处理图片工具。"羽化"使选区内外衔接的部分虚化。起到渐变的作用，从而达到自然衔接的效果。羽化值越大，虚化范围越宽，也就是说，颜色递变得柔和。羽化值越小，虚化范围越窄，可以根据实际情况进行调节，把羽化值设置得小一点，反复羽化是羽化的一个技巧。

"羽化"的操作方法：选择菜单栏中的"选择"→"修改"→羽化"命令，在弹出的对话框中输入要羽化的范围值，然后单击"确定"按钮，如图 2-49 所示。

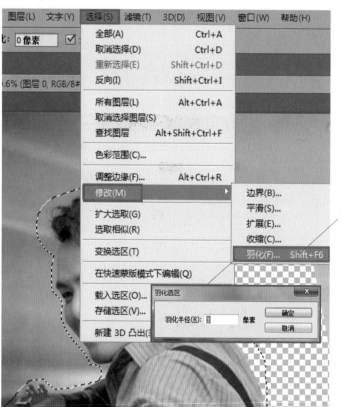

单击"羽化"菜单后会出现"羽化选区"对话框，在该对话框中输入羽化半径值，单击"确定"按钮

图 2-49　"羽化选区"对话框

2）橡皮擦

"橡皮擦工具"是一款擦除工具，利用这款工具可以随意擦去图片中不需要的部分，如去掉背景等。在"橡皮擦工具"中结合不透明度可以擦出很好的效果。

在 Photoshop CS6 的工具箱中选择"橡皮擦工具"　，如图 2-50 所示。

图 2-50　选择"橡皮擦工具"

在"橡皮擦工具"属性栏中，"模式"选项提供了 3 种不同的模式，分别是"画笔""铅笔"和"块"，如图 2-51 所示。

图 2-51　"橡皮擦工具"属性栏

"不透明度"：定义抹除强度。"100%"的不透明度将完全抹除像素，较低的不透明度将部分抹除像素。

"画笔"选项：指定流动速率。

"流量"选项：指定工具涂抹油彩的速度。

案例"素材 1"中使用橡皮擦工具的前后对比，如图 2-52 所示。

图 2-52　使用橡皮擦效果

3）强光模式

图层的混合模式设置为"强光"时，上方的图层亮于中性灰度的区域将变得更亮，暗于中性灰度的区域将变得更暗，而且其程度远大于"柔光"模式，该模式得到的图像对比度比较大，适用于为图像增加强光照射效果，如图 2-53 所示。

4）亮度 / 对比度

"亮度 / 对比度"是一种常用的调节明暗、对比度的工具。选择"图像"→"调整"→"亮度 / 对比度"菜单命令，弹出对话框，其选项有"亮度"和"对比度"，如图 2-54 所示。增加"亮度"就是增加图片亮度，相反，减少"亮度"就是加深图片；增加"对比度"就是

图 2-53   设置图层模式为"强光"

图 2-54   "亮度 / 对比度"效果

增加图片高光亮度，同时加深暗部，这样明暗对比就更强烈，起到增加对比效果的作用。减少"对比度"就会把高光部分加深，暗部增亮，减少图片的明暗对比。"亮度 / 对比度"可以改善高光区域，使画面更加柔和。

5）曲线

"曲线"命令可以调整图像的色阶，该命令能精细地调整图像中的每个色调。使用该命令可以调整暗色调和中间色调之间的图像或中间色调和高亮色调间的图像而不影响其他部分的色调，选择"图像"→"调整"→"曲线"菜单命令，弹出"曲线"对话框，如图 2-55 所示。

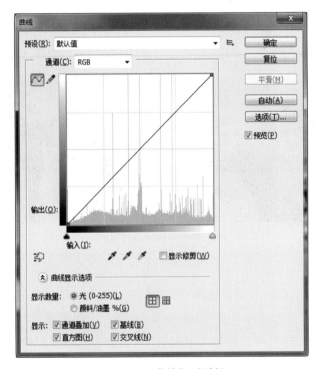

图 2-55　"曲线"对话框

"通道"：单击该下拉列表显示有不同的选项，红、绿、蓝通道。

"明暗度显示条"：横向的显示条为图像在调整前的明暗度状态，纵向的显示条为图像在调整后的明暗度状态。

"调节线"：光标移至该直线，鼠标指针会变为"+"形，这时可以拖曳鼠标对图像进行调整，该直线上可以添加最多不超过 14 个节点。

2.2.2　电视海报设计

1. 任务描述

任务背景：《麻辣变形计》讲述了关小迪、梁大巍以及他们的小伙伴们经历了艰苦的训练之后一步步成长为新世纪保镖的热血故事。

任务要求：设计电视海报，要求符合主题风格，视觉效果强烈，有美感，能够引人注意。

2. 任务效果图

任务效果图如图 2-56 所示。

图 2-56 电视海报效果图

3. 任务实施

（1）启动 Photoshop CS6 软件，选择"文件"→"新建"菜单命令，新建"国际标准纸张"，"大小"为"A5"，"分辨率"为"300 像素 / 英寸"，"颜色模式"为"RGB 模式"，选择"图像"→"图像旋转"→"90 度（顺时针）"菜单命令，把图像文件调整为"横向"，如图 2-57 所示。

图 2-57 "新建"图像文件   电视海报设计

（2）添加素材"背景 1.jpg"，选择"编辑"→"变换"→"透视"菜单命令，拖曳右下角点放大 150%，选择"图层"→"栅格化"→"智能对象"菜单命令或在该"图层"面板上右击"栅格化图层"，选择"图像"→"调整"→"去色"命令或按 Ctrl+Shift+U 组合键，为"背景 1"图层添加蒙版，调整该图层的"不透明度"为"80%"，如图 2-58 所示。

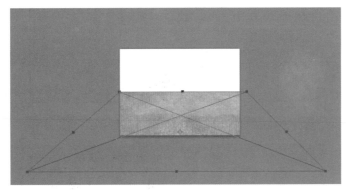

图 2-58　添加素材"背景 1"

（3）添加素材"背景 2.jpg"，栅格化图层，并调整位置，给"背景 2"图层添加蒙版，调整效果如图 2-59 所示。

图 2-59　添加素材"背景 2"并添加蒙版

（4）添加"素材 1.jpg"和"素材 2.jpg"，分别调整大小和位置，调整图层模式为"叠加"，添加图层蒙版，使用"橡皮擦"工具调整图层之间的过渡，如图 2-60 所示。

图 2-60　添加"素材 1"和"素材 2"

（5）添加"素材 3.jpg"，选择"磁性套索工具"，抠出主角人物，选择"图层"→"图层蒙版"→"显示选区"菜单命令，选择"图层"→"新建调整图层"→"亮度 / 对比度"菜单命令或在"图层"面板中单击调整图层按钮，弹出"新建图层"对话框，勾选"使用前一图层创建剪贴蒙版"，如图 2-61 所示。输入亮度 为 −30、对比度为 +96，效果如图 2-62 所示。

图 2-61   "新建图层"对话框

图 2-62   "素材 3"效果

（6）新建图像文件的宽高为"900 像素 × 900 像素"，输入文字"广"，字体为造字工房力黑体，字体大小为"344 点"；"林""辣""变形计"字体为锐字锐线怒放黑简，字体大小分别为"222 点""253 点""172 点"，调整好文字位置，如图 2-63 所示。将文字全部转换为路径，调整文字路径，效果如图 2-64 所示。将路径转为选区并填充为黄色（#fffe00）。

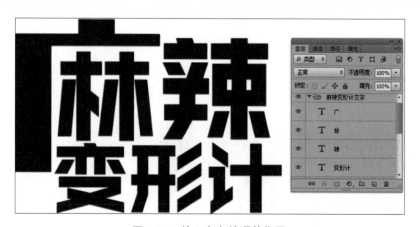

图 2-63   输入文字并调整位置

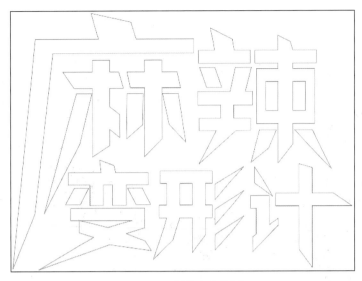

图 2-64　调整文字路径

（7）将"麻辣变形计"文字拖曳到海报文件中，添加图层样式"斜面和浮雕""等高线""投影"，如图 2-65 所示。

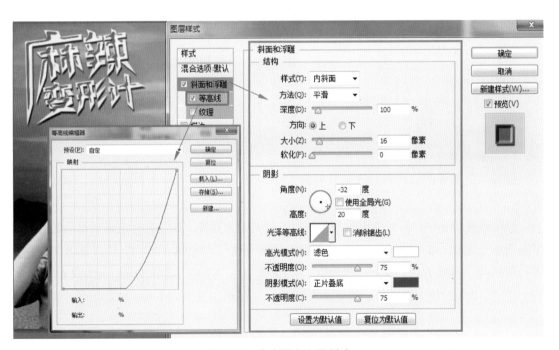

图 2-65　文字添加图层样式

（8）输入文字"都市版《麻辣女兵》 中国版《霹雳娇娃》"，字体为幼圆；输入文字"迪丽热巴饰演：关小迪""残酷青春 / 励志成长 / 完美变形""有梦 / 有爱 / 有挫折 / 有迷途 / 有激情 / 有担当"，字体为造字工房力黑体，文字颜色为黄色，添加投影，调整位置，完成的海报如图 2-66 所示。

图 2-66　海报和图层

4. 印刷要求

（1）宣传海报尺寸：宽为 80cm，高为 60cm，分辨率在 300 像素 / 英寸以上。

（2）文件保存格式为 TIF、PSD。

（3）出血尺寸：上、下、左、右各多留 3mm，以防有白边，将海报文件的颜色模式设置为 CMYK 模式。

（4）采用高光相纸，影楼专用材质，表面覆防水膜。

5. 技巧点拨

1）透视命令

透视命令能够使选区看起来更具有真实感，使得选区具有一种由近到远、由远到近的感觉。

使用透视命令时，以某个边界为作用点，另一边为基准，按住鼠标左键并移动鼠标，即可实现由近到远、由远到近的感觉，其中若选区为文字对象时，首先应该对选区文字对象进行栅格化。操作方法：选择"编辑"→"变换"→"透视"菜单命令，或按 Ctrl+T 组合键，右击，选择"透视"命令，如图 2-67 所示，选择图中其中一个点，拖动鼠标，如图 2-68 所示。

2）去色

Photoshop 中的"去色"命令可以将彩色图像转换为灰度图像，但图像的颜色模式保持不变，在菜单栏中选择"图像"→"调整"→"去色"菜单命令，案例中去色前后的效果对比如图 2-69 所示。

3）调整图层

调整图层可将颜色和色调调整应用于图像，而不会永久更改像素值。颜色和色调调整存

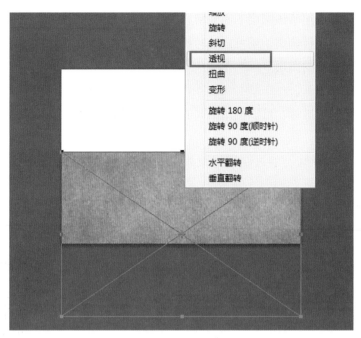

图 2-67 "透视"命令

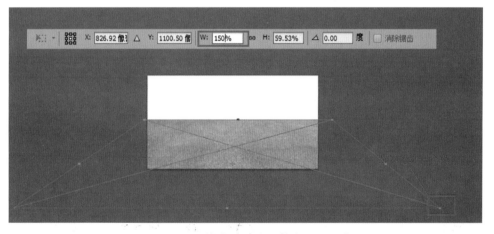

图 2-68 "透视"命令——扩大"150%"

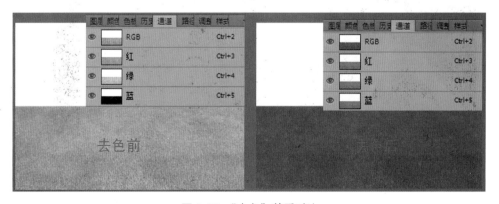

图 2-69 "去色"前后对比

储在调整图层中，并应用于该图层下面的所有图层，可以通过一次调整来校正多个图层，而不用单独对每个图层进行调整，还可以随时扔掉或者恢复原始图像。调整图层是单独的一个图层，不影响它们下面的图层。

调整图层的优点如下。

（1）编辑不会造成破坏。可以使用不同的设置并随时重新编辑调整图层，不会对其他图层造成影响。

（2）编辑具有选择性。通过在图层蒙版中使用不同的灰度色调可以改变调整图层的效果。

（3）能够将调整应用于多个图像。调整图层可以同时在多个图层上产生调整图层的效果，还可以在图像之间复制和粘贴调整图层。

调整图层可以在菜单、"调整"面板或"图层"面板中建立。在 Photoshop 中的"调整"面板可以将各种"调整"命令以图标和预设列表的方式集合在同一面板中，利用"调整"面板可以快捷、有效地为当前图像添加调整图层。而不必通过执行烦琐的命令与设置对话框，全部操作都可以在"调整"面板中轻松完成，如图 2-70 所示。

图 2-70 "调整"面板中新建调整图层

案例中人物添加调整图层的操作步骤如下。

（1）选择人物图层为当前层，打开"图层"面板，单击"图层"面板中"创建新的填充或调整图层"按钮 ，选择"亮度/对比度"命令调整图层，即可在"图层"中创建一个"亮度/对比度"调整图层，如图 2-71 所示。

图 2-71 "图层"面板中新建调整图层

（2）在创建的"亮度 / 对比度"调整图层属性框中，可以调整图像的"亮度"和"对比度"，若需要修改调整图层的值，可在"图层"面板中双击调整图层缩略图，会弹出调整图层对话框，如图 2-72 所示。

图 2-72　调整图层对话框

4）路径编辑工具

完成路径的绘制后，可以通过路径编辑工具，调整或修改绘制好的路径。其编辑路径工具有以下 5 个。

（1）添加锚点工具 ：在路径上单击即可添加锚点。

（2）删除锚点工具 ：在路径的锚点上单击即可删除该锚点。

（3）转换点工具 ：使用该工具可以将直线点和曲线点进行转换，还可以对曲线点的方向线作单向调整。

（4）路径选择工具 ：使用该工具在路径上单击可以将整个路径选取，选取后的路径可以进行复制、移动、删除等操作。按住 Shift 键单击其他路径，可以同时选取多个路径。

（5）直接选择工具 ：使用该工具在锚点上单击即可选中该锚点，按住 Shift 键单击其他锚点，可以同时选取多个锚点。

选择"钢笔工具"绘制路径，按住 Ctrl 键切换为"直接选择工具"，按住 Alt 键切换为"转换点工具"。

5）字体设计

在 Photoshop 中输入的文字可以运用字库里面的各种字体，但这些字体往往达不到想要的效果，那么就需要将这些字体转换为路径，通过在路径中调整形状，将文字做出更适合的效果。最简单的做法是将文字设置好某种字体，然后转换为路径进行编辑，调整文字的形状，如图 2-73 所示。

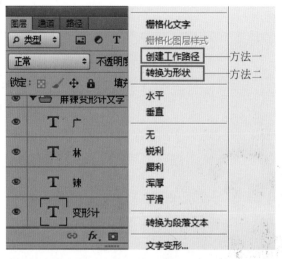

图 2-73　文字创建工作路径或形状

方法一：创建工作路径。在当前文字层右击，选择快捷菜单中的"创建工作路径"命令，在"路径"面板中可以看到创建的工作路径，在"工作路径"图层中进行编辑。

案例"麻辣变形计"方法一字体设计操作步骤如下。

（1）分别输入文字，调整好文字位置。

（2）当前层为"变形计"文字层，右击，在弹出的快捷菜单中选择"创建工作路径"命令，在"路径"面板中双击该路径层，命名为"变形计"，其他文字同样创建工作路径并命名，如图 2-74 所示。

（3）单击"路径"面板右下角的"创建新路径"按钮 ，命名为"麻辣变形计"，用"直接选择工具"框选文字路径并逐个复制到"麻辣变形计"路径层中，如图 2-75 所示。

图 2-74　"路径"图层命名

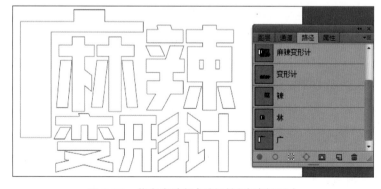

图 2-75　将文字路径复制到新建路径层中

（4）在"麻辣变形计"路径层中，用"直接选择工具""转换点工具""添加锚点工具""删除锚点工具"调整路径文字效果，完成字体设计。

方法二：转换为形状。在当前文字层右击，选择快捷菜单中的"转换为形状"命令，直接在当前层对文字进行编辑。

案例"麻辣变形计"方法二字体设计操作步骤如下。

（1）分别输入文字，调整好文字位置。

（2）当前层为"变形计"文字层，右击，在弹出的快捷菜单中选择"转换为形状"命令，其他文字同样转换为形状，如图 2-76 所示。

图 2-76　将文字图层转换为形状

（3）用"直接选择工具""转换点工具""添加锚点工具""删除锚点工具"分别调整每个文字形状图层，完成字体设计。

2.3　文化海报设计

本节知识点和技能如下。

（1）Photoshop CS6 中滤镜下的马赛克、龟裂缝的操作方法，转换为形状图层、色彩范围菜单的操作，橡皮擦工具的使用技巧。

（2）Photoshop CS6 中图层点光、颜色加深模式，光泽、图案叠加样式、羽化等的使用。

（3）了解校园文化海报的设计方法。

（4）学会对背景素材的处理。

文化海报是指各种社会文娱活动及各类展览的宣传海报。展览的种类很多，不同的展览都有它各自的特点，设计师需要了解展览和活动的内容才能运用恰当的方法表现其内容和风格。

2.3.1　校园技能大赛海报设计

1. 任务描述

任务背景：紫金县职业技术学校举行 2017 年第八届校园技能大赛，需要在校园内张贴海报进行宣传，活跃学生赛前学习气氛。

任务要求：设计校园海报，要求颜色对比强烈，主题文字突出，视觉效果好，具有美感，引人注意，能够起到宣传作用。

2. 任务效果图

任务效果图如图 2-77 所示。

图 2-77　技能大赛海报效果图

3. 任务实施

（1）启动 Photoshop CS6 软件，选择"文件"→"新建"菜单命令，新建图像文件为"A3 纸"，分辨率为"200 像素/英寸"，颜色模式为"RGB 模式"，选择"图像"→"图像旋转"→"90 度（顺时针）"菜单命令，把图像文件调整为"横向"，在背景图层上添加"线性渐变"（渐变颜色 #034bdc-#079dfc-#ffffff），按 Shift 键的同时，将鼠标由上至下拖曳，如图 2-78 所示。

图 2-78　渐变色效果

技能大赛海报设计

（2）打开"背景.jpg"素材，选择"滤镜"→"像素化"→"马赛克"菜单命令，在弹出的"马赛克"对话框中设置"单元格大小"为"126"，如图 2-79 所示。

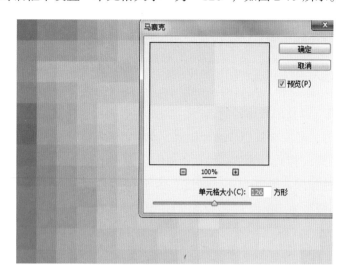

图 2-79　设置"单元格大小"

（3）将处理后的背景图拖曳到海报文件中，并命名为"马赛克背景"，按 Ctrl+T 组合键自由变换，调整马赛克背景的宽与海报的宽相同，并在"自由变换"属性栏中设置旋转 −45 度，再将该图拖曳调整大小，图层模式为"点光"，复制"马赛克背景"图层，将图层模式改为"颜色加深"，新建调整图层"亮度/对比度"，"亮度"为 −60，"对比度"为 +100。新建"背景组"，将调整图层和两个"马赛克背景"图层拖曳到背景组中，"背景组"添加图层蒙版，选择橡皮擦工具进行涂抹，如图 2-80 所示。

1. 将素材"背景"拖曳到海报中

2. 将素材"背景"按Shift键变换大小

3. 自由变换旋转−45度

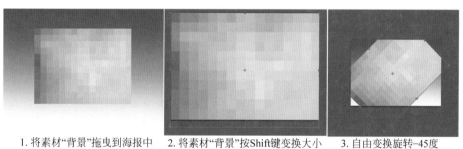
4. 自由变换旋转将素材调整大小

5. 修改图层模式，增加"亮度/对比度"

6. 新建"背景组"，添加蒙版使用橡皮擦工具涂抹

图 2-80　马赛克背景操作过程

（4）添加"人 .png"素材，调整大小和位置，添加图层样式为"渐变叠加"，在弹出的"渐变叠加"对话框中设置"不透明度"为 70%，"渐变"为"蓝，红，黄渐变"，"样式"为"线性"，如图 2-81 所示。

（5）添加文字"技能大赛"，每个文字为单独图层，字体为汉仪菱心体简，"技"和"大"的字体大小为 150 点，"能"和"赛"的字体大小为 120 点，水平缩放为 115%，垂直缩放为 115%。右击"技"和"大"的文字图层，选择快捷菜单中的"转换为形状"命令，使用"直接选择工具"调整形状路径的锚点，如图 2-82 所示。合并"技""能""大""赛"图层，添加图层样式为"渐变叠加"（"混合模式"为"正常"，"不透明度"为 100%，"渐变"为"蓝，红，黄渐变"，"样式"为"线性"，"角度"为"90 度"），添加图层样式为"光泽"（"混合模式"为颜色加深、黑色，"不透明度"为 50%，"角度"为"19 度"，"距离"为 38，"大小"为 20，"等高线"为"锯齿 1"，"反相"），添加图层样式为"描边"（"大小"为"15 像素"，"位置"为"外部"，"颜色"为"白色"），如图 2-83 所示。

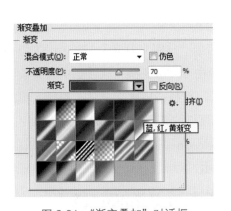

图 2-81　"渐变叠加"对话框

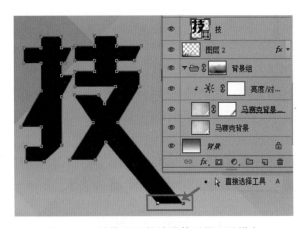

图 2-82　转换为形状并调整形状图层锚点

图 2-83　"技能大赛"添加图层样式后的文字效果

（6）新建组为"2017"，分别输入文字"2""1""7"，字体为 Arial，其中"2"和"7"的字体大小为 150 点，"1"的字体大小为 250 点，设置水平缩放为 115%、垂直缩放为

115%。新建图层并命名为"0"，使用"椭圆工具"画正圆，选择"编辑"→"描边"菜单命令（"宽度"为 22，"颜色"为"红色"，"位置"为"居中"），当前层在"0"图层上，按住 Ctrl+Shift 组合键并单击"2"和"1"图层作为选区，减去一部分交叉选区并删除，图层"2""0""1"做出相交效果。组"2017"文字添加图层样式"描边"（"大小"为 8 像素，"颜色"为白色）。最后再添加其他文字，完成海报的制作，如图 2-84 所示。

图 2-84　添加海报文字

4.印刷要求

（1）大赛海报尺寸为宽 100cm、高 150cm，分辨率在 300 像素 / 英寸以上。

（2）文件保存格式为 TIF、PSD、JPG。

（3）出血尺寸：上、下、左、右各多留 3mm，海报文件的颜色模式设置为 CMYK 模式。

（4）采用户外 PP 背胶纸。特点：塑料材质，背面带胶，方便粘贴，质地较薄、轻，普遍用于各种条幅、展板和宣传广告。PP 背胶常适用于广告海报，平整性和光泽度较好，价格适中。

5.技巧点拨

1）新建组

Photoshop 允许在一幅图像中创建近 8000 个图层，但在一个图像文件中创建了数十个图层后，就会发现对图层的管理相对比较困难，而 Photoshop 中组的功能就是协助进行图层管理的。

在 Photoshop 中新建组的两种方法如下。

方法一：单击第一个图层，按住 Shift 键，单击最后一个图层，选中所有的图层，再按 Ctrl+G 组合键，可以把所有的图层都放在新建的组里面。

方法二：图层面板最底端有一个类似文件夹的图标，叫"创建新组"按钮，单击该按钮可以新建组，如图 2-85 所示。

2）图层模式

"颜色加深"：该模式用于查看每个通道的颜色信息，使基色变暗，从而显示当前图层的混合色。在与黑色和白色混合时，图像不会发生变化。

"点光"：该模式其实就是根据当前图层颜色来替换颜色。若当前图层颜色比 50% 的灰亮，则比当前图层颜色暗的像素被替换，而比当前图层颜色亮的像素不变；若当前图层颜色比 50% 的灰暗，则比当前图层颜色亮的像素被替换，而比当前图层颜色暗的像素不变。

图层模式操作方法：在当前层，单击图层"正常"模式，在弹出的菜单中选择所需要的图层模式，如图 2-86 所示。

图 2-85　创建新组

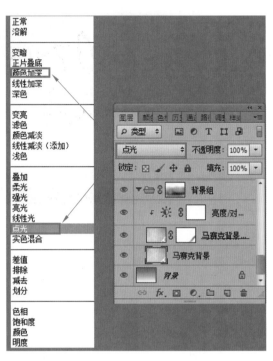

图 2-86　颜色加深和点光模式

3）"技"字体设计技巧

输入文字，右击，选择快捷菜单中的"转换为形状"命令。使用路径工具组中的"直接选择工具"，选择文字路径中的两个锚点并拖动，如图 2-87 所示。

在当前文字图层上右击，选择"转换为形状"命令，
使用"直接选择工具"调整锚点。

图 2-87　转换为形状并调整锚点

4）光泽图层样式

"光泽"效果与图层的内容相关，图层轮廓不同，添加光泽样式后产生的效果也会不同（即使设置的参数一样）。

"混合模式"：默认值是"正片叠底"。

"不透明度"：设置的值越大，光泽就越明显；反之，光泽越暗淡。

"颜色"：修改光泽后的颜色，默认混合模式为"正片叠底"，修改颜色产生的效果不会太明显，但如果将混合模式改为"正常"后，颜色的效果就会明显。

"角度"：设置照射波浪形表面的光源方向。

"距离"：设置两组光环之间的距离。

"大小"：用来设置每组光环的宽度。

"等高线"：用来设置光环的数量。

案例中的文字添加光泽，如图 2-88 所示。

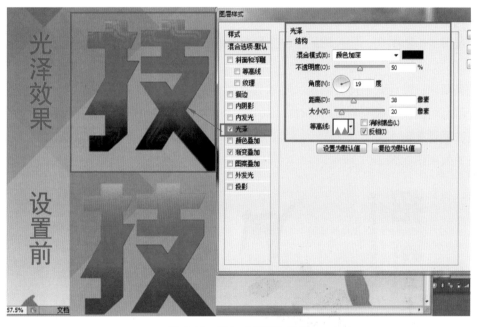

图 2-88　添加"光泽"效果

5）牵手字

牵手字是指文字之间的相互穿插，形成一环扣一环的效果。

案例中的"2017"牵手字的操作步骤如下。

（1）输入文字"217"，每个字为单个图层，新建图层并命名为"0"，使用"椭圆工具"画正圆。选择"编辑"→"描边"菜单命令，描边为红色，如图 2-89 所示。

（2）当前层在"0"图层上，单击"2"和"1"图层，选择"椭圆工具"，在属性栏中选择"从选区减去"，减去"2"和"1"的两处选区，按 Delete 键删除，完成牵手字制作，如图 2-90 所示。

图 2-89　使用椭圆工具画圆　　　　　　图 2-90　减去相交的选区

2.3.2　校园武术协会海报设计

1. 任务描述

任务背景：新学期，学校的武术协会要招收新生，现需要做海报进行宣传，吸引学生的兴趣。

任务要求：设计武术协会海报，要求具有创意，突出主题，大气，醒目，引人注意，整个设计创意可围绕"武"字进行设计。

2. 任务效果图

任务效果图如图 2-91 所示。

图 2-91　武术协会海报效果

校园武术协会海报设计

3. 任务实施

（1）启动 Photoshop CS6 软件，选择"文件"→"新建"菜单命令，新建"国际标准纸张 A4 纸"，竖向，分辨率为"200 像素 / 英寸"，新建图层，命名为"背景 1"，填充白色，添加图层样式为"图案叠加"。设置"图案"为灰色花岗岩花纹纸，"不透明度"为 100%，"缩放"为 200%，如图 2-92 所示。

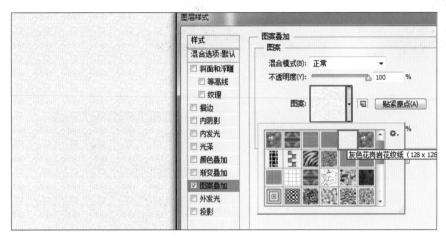

图 2-92　"图案叠加"样式

（2）新建图层 2，命名为"背景 2"，填充灰色，选择"滤镜"→"滤镜库"→"纹理"→"龟裂缝"菜单命令，设置"裂缝间距"为 13，"裂缝深度"为 4，"裂缝亮度"为 8，图层模式为"叠加"，如图 2-93 所示。

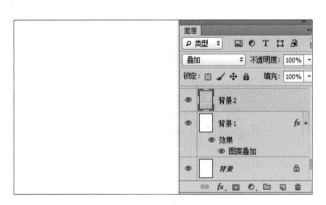

图 2-93　滤镜"龟裂缝"效果

（3）打开"背景 .jpg"素材，用"套索工具"抠图，并羽化"120 像素"，如图 2-94 所示。按 Ctrl+C 组合键复制，返回海报文件，按 Ctrl+V 组合键粘贴，按 Ctrl+T 组合键自由变换，调整大小，并命名为"背景 3"，添加图层蒙版，选择"橡皮擦工具"涂抹，如图 2-95 所示。

（4）打开"龙 .jpg"素材，选择"色彩范围"命令去掉背景，拖至海报文件中，调整位置，添加图层蒙版，选择"橡皮擦工具"涂抹，如图 2-96 所示。添加"花 .jpg"素材，选择

图 2-94　用"套索工具"抠出选区

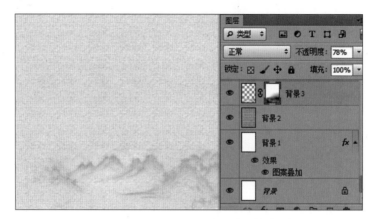

图 2-95　添加图层蒙版并涂抹

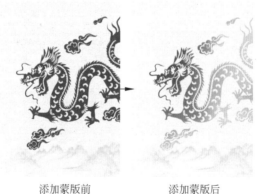

添加蒙版前　　　　　添加蒙版后

图 2-96　添加素材"龙"蒙版前后效果

"滤镜"→"模糊"→"高斯模糊"菜单命令，设置"半径"为 128 像素。按 Ctrl+T 组合键自由变换，调整方向，添加图层蒙版，选择"橡皮擦工具"涂抹，将"花"图层位于"龙"图层上面，右击，选择快捷菜单中的"创建剪贴蒙版"命令，如图 2-97 所示。

（5）输入文字"武"，字体大小为 550 点，字体为中山行书。打开"祥云 .jpg"素材，抠图移至海报文件中并调整位置，其中，抠出的"绿色祥云"添加图层样式为"渐变叠

图 2-97　添加素材"花"并创建剪贴蒙版

加",设置渐变色为"橙 - 黄 - 橙","角度"为 126 度。将几个祥云图层合并为一个图层,命名为"祥云","祥云"图层位于"武"图层上面,创建剪贴蒙版,如图 2-98 所示。

图 2-98　添加文字和素材"祥云"并创建剪贴蒙版

（6）打开"人 .jpg"素材,抠出人物拖曳到海报文件中,并分别命名为"人上""人下",调整位置和大小,并添加图层样式为"渐变叠加",如图 2-99 所示。

（7）输入文字"招新",字体大小为 87 号,字体为黑体,浑厚,仿粗体,文字栅格化,将"新"字中的竖笔画拉长,添加图层样式和投影。输入文字"武术协会",字体为方正舒体,最后再添加其他文字,完成的海报如图 2-100 所示。

4. 印刷要求

（1）印刷海报尺寸:宽为 50cm,高为 73cm,分辨率在 300 像素 / 英寸以上。

（2）文件保存格式为 JPG、PSD、TIF。

（3）出血尺寸:上、下、左、右各留 3mm,海报文件的颜色模式设置为 CMYK 模式。

（4）使用 250 克铜版纸,单面印刷,覆光膜。

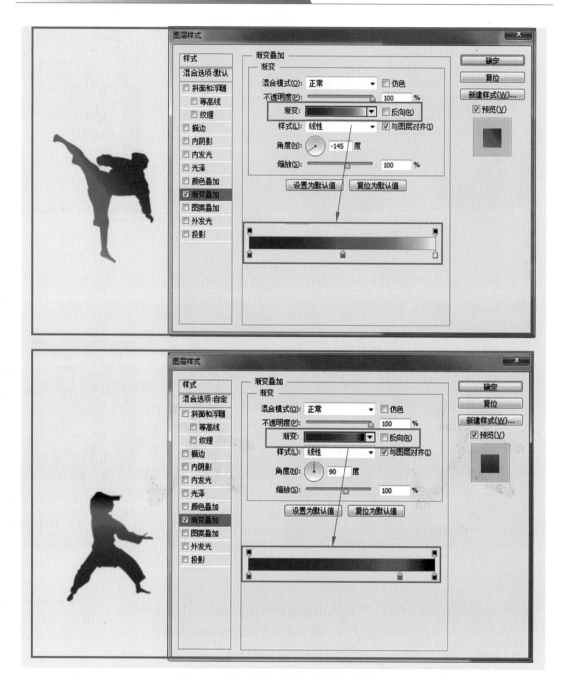

图 2-99 添加素材"人"并设置图层样式

5.技巧点拨

1）图案叠加

"图案叠加"可以给图形增加个性的纹理。

案例中"背景1"图层的操作步骤如下。

（1）在"图层"面板中双击"背景1"图层，在弹出的"图层样式"对话框中选择"图案叠加"选项。

图 2-100　添加文字完成海报

（2）在"图案叠加"选项中单击"图案"缩略图右边的下拉按钮，在弹出的下拉列表中选择"花岗岩花纹纸"，如图 2-101 所示。

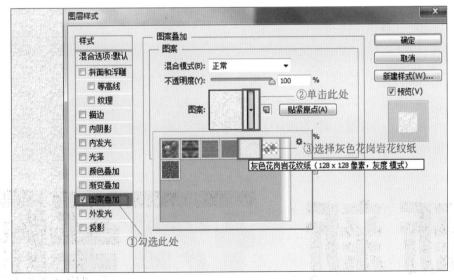

图 2-101　"图案叠加"选项

2）"龟裂缝"滤镜

"龟裂缝"将图像制作出类似乌龟壳裂纹的效果。使用"龟裂缝"滤镜可以对包含多种颜色值或灰色值的图像创建浮雕效果。

"龟裂缝"的操作方法：选择"滤镜"→"滤镜库"→"纹理"→"龟裂缝"菜单命令，在打开的对话框中设置参数，如图 2-102 所示。

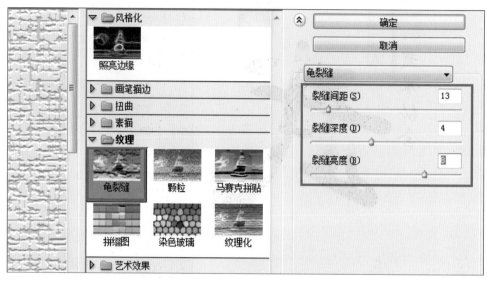

图 2-102 "龟裂缝"滤镜

"裂缝间距"：设置生成的裂缝之间的间距。值越大，裂缝的间距就越大，取值范围为 2~100。

"裂缝深度"：设置生成裂缝的深度。值越大，裂缝的深度就越深，取值范围为 0~10。

"裂缝亮度"：设置裂缝间的亮度。值越大，裂缝间的亮度就越大，取值范围为 0~10。

3）"招新"字体设计技巧

案例中文字的字体设计操作步骤如下。

（1）输入竖向文字"招新"，在"图层"面板中右击"栅格化"。

（2）选择快捷菜单中的"矩形选框工具"命令，将"新"字右下角的竖笔画框选一小部分，按 Ctrl+Alt+↓组合键，将竖笔画拉长做出字体效果，如图 2-103 所示，该字体还可以设置成其他效果，如图 2-104 所示。

图 2-103 文字设计效果一

图 2-104 文字设计效果二

2.4　公益海报设计

本节知识点和技能如下。

（1）Photoshop CS6 中仿制图章工具、渐变工具、减淡工具、路径工具的操作方法和技巧。

（2）Photoshop CS6 中蒙版、调整图层、色相饱和度、渲染、扭曲、杂色滤镜的使用。

（3）了解公益海报的设计方法。

公益海报是带有一定思想性的。这类海报具有特定的对公众教育的意义，其海报主题包括各种社会公益、道德的宣传或政治思想的宣传，弘扬爱心奉献、共同进步的精神等。

2.4.1　节约用纸海报设计

1. 任务描述

任务背景：浪费纸张就是在间接地毁灭森林，地球环境已经遭受了很大破坏，再也经不起随意地浪费资源了，倡议大家要节约用纸，保护森林。

任务要求：要求设计节约用纸的海报，要求设计突出主题，引人注意，能让人印象深刻，起到警示的作用。

2. 任务效果图

任务效果图如图 2-105 所示。

图 2-105　节约用纸海报效果图

节约用纸海报设计

3. 任务实施

（1）打开"背景 1.jpg"素材，将"背景 2.jpg"素材拖曳至"背景 1.jpg"文件中，自由变换大小并栅格化图层（图 2-106 中①），选择"多边形套索工具"将"背景 2"上半部分框选，并羽化"20 像素"（图 2-106 中②），按 Delete 键删除。"背景 2"为当前图层，选择"仿制图章工具" ![]，按 Alt 键定义图案，新建图层，将图案仿制到新图层中，使用"复制""粘贴"和"自由变换"命令，选择"图层"→"新建调整图层"→"曝光度"（0.18，−0.0048，0.61）（图 2-106 中③）菜单命令，新建图层，选择"径向渐变工具"（渐变颜色为黄色 - 透明），从大树头中间开始往外拖动，调整图层的不透明度为"50%"，图层模式为"叠加"（图 2-106 中④）。

图 2-106 添加素材"背景 1"和"背景 2"

（2）新建图层并命名为"树桩"，绘制长矩形，选择"线性渐变"（渐变颜色为黑 - 白 - 黑），如图 2-107 所示，选择"滤镜"→"渲染"→"纤维"，设置差异为"16"，强度为"4"，选择"图像"→"调整"→"色相饱和度"（勾选"着色"，色相为"42"，饱和度为"54"，明度为"−28"），新建图层绘制椭圆，同样添加"渐变""纤维效果"和"色相饱和度"，选择"滤镜"→"扭曲"→"旋转扭曲"，"角度"360 度，选择"图像"→"调整"→"亮度 / 对比度"（−83，61），如图 2-108 所示。

（3）打开"素材 1"，将白色纸剪切出来，打开素材"素材 2.jpg"，用"魔棒工具"将背景去掉，将处理后的"素材 1"和"素材 2"拖至海报文件中，做自由变换并调整颜色和位置，如图 2-109 所示。

（4）新建组"海报文字"，输入文字"节"字，字体为方正粗倩简体，大小为 175 点，文字栅格化，将"节"字的竖拉长。输入文字"约每一张纸"，字体为方正粗倩简体，设置字间距为 300，添加投影。输入文字"善待大自然！珍惜资源！"，字体大小为 54 像素，字

图 2-107　线性渐变

图 2-108　"纤维""扭曲"滤镜

图 2-109　"素材 1""素材 2"的处理

间距为 200，输入文字 Shan Dai Da Zi Ran! Zhen Xi Zi Yuan!，字体大小为 34 像素，字间距为 50，字体为方正黑简体；添加图层样式"描边"为 3 像素，如图 2-110 所示。

图 2-110   添加文字完成海报

（5）最后选择"图层"→"新建调整图层"→"亮度/对比度"菜单命令，设置"亮度"为 −45，"对比度"为 +18，完成海报的制作。

4. 印刷要求

（1）海报尺寸：宽为 80cm，高为 60cm，分辨率在 300 像素/英寸以上。

（2）文件保存格式为 JPG、TIF、PSD。

（3）出血尺寸：上、下、左、右各留 5mm，以防有白边，海报文件的颜色模式设置为 CMYK 模式。

（4）采用户外 PP 背胶纸，也是常见的海报纸，撕去背面的透明薄膜便可以粘在墙上。户外背胶的特点是精度较高，近看效果较好，表面有一层 UV 膜，防尘防水，可以用水性物反复擦写，持久性好。

5. 技巧点拨

1）仿制图章工具

"仿制图章工具"主要用来复制取样的图像。它能够按涂抹的范围复制全部或者部分到一个新的图像中。操作方法：在工具箱中找到"仿制图章工具" ，将光标移至要被取样的图像上，按住 Alt 键，单击鼠标进行定点取样，这时图像被保存到剪贴板中，松开 Alt 键，在需要被仿制的地方涂抹，如图 2-111 所示。

2）曝光度

"曝光度"是用来控制图片色调强弱的工具。与摄影中的曝光度有些类似，曝光时间越长，照片就会越亮。曝光度设置面板有 3 个选项可以调节，即曝光度、位移、灰度系数校

图 2-111　"仿制图章工具"操作

正。操作方法：选择"图层"→"新建调整图层"→"曝光度"菜单命令，在弹出的对话框中输入调整的数值，如图 2-112 所示。

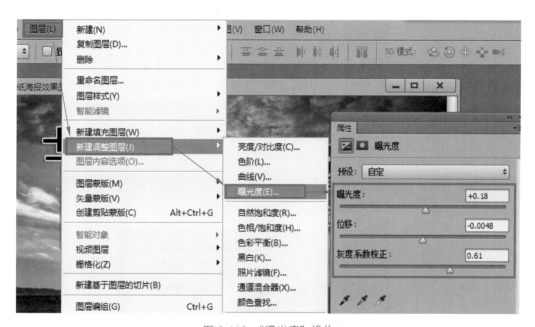

图 2-112　"曝光度"操作

"曝光度"：调节图片的光感强弱，数值越大图片会越亮。

"位移"：调节图片中的灰度数值，也就是中间调的明暗。

"灰度系数校正"：减淡或加深图片灰色部分，可以消除图片的灰暗区域，增强画面的清晰度。

3）纤维滤镜

"纤维"可以将前景色和背景色进行混合处理，生成具有纤维效果的图像。操作方法：选择"滤镜"→"渲染"→"纤维"菜单命令，打开"纤维"对话框，参数值设置如图 2-113 所示。

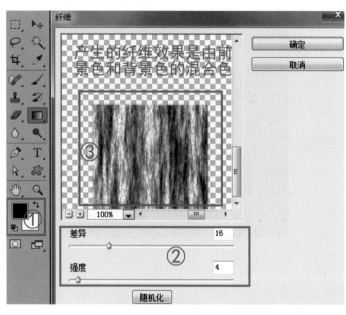

图 2-113　"纤维"滤镜

"差异"：设置纤维细节变化的差异程度，值越大，纤维的差异性就越大，图像越粗糙。

"强度"：设置纤维的对比度。值越大，生成的纤维对比度就越大，纤维纹理越清晰。

"随机化"：单击该按钮，可以在相同参数的设置下，随机产生不同的纤维效果。

4）旋转扭曲滤镜

"旋转扭曲"以图像中心为旋转中心，对图像进行旋转扭曲，"旋转扭曲"滤镜可以使图像产生旋转的风轮效果，旋转会围绕图像中心进行，中心旋转的程度比边缘大。操作方法：选择"滤镜"→"扭曲"→"旋转扭曲"菜单命令，打开"旋转扭曲"滤镜对话框，设置"角度"参数值，如图 2-114 所示。

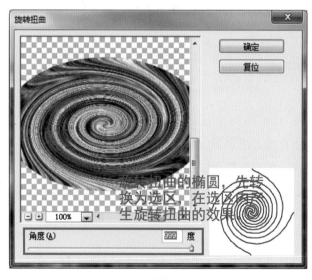

图 2-114　"旋转扭曲"滤镜

"角度": 设置旋转的强度, 取值范围为 −999~999。当值为正时, 图像按顺时针方向旋转; 当值为负时, 图像按逆时针方向旋转。当值为最小值或最大值时, 旋转扭曲的强度最大。

2.4.2 节约粮食海报设计

1. 任务描述

任务背景: 节约粮食是每个公民应尽的义务, 浪费是一种可耻的行为。

任务要求: 海报要求倡导节约珍惜粮食, 设计有创意, 醒目, 突出主题, 画面简洁, 具有美感, 意境深刻。

2. 任务效果图

任务效果图如图 2-115 所示。

图 2-115 节约粮食海报效果图

节约粮食海报设计

3. 任务实施

(1) 启动 Photoshop CS6 软件, 选择"文件"→"新建"菜单命令, 新建图像文件为"国际标准纸张 A4 纸", 分辨率为"200 像素 / 英寸", 设置前景色 (#cfbdb1)。

(2) 设置前景色为灰橙色 (#cfbdb1), 按 Alt+Delete 组合键, 填充前景色, 选择"滤镜"→"杂色"→"添加杂色"菜单命令, 在弹出的对话框中设置"数量"为"13 像素""平均分布""单色"。

（3）添加"素材1.jpg"并调整位置和大小，如图2-116所示。选择"钢笔工具"，工具模式为"形状"，分别绘制碗底、碗面形状路径，再选择"转换点工具"和"直接选择工具"调整形状路径，分别添加图层样式为"渐变叠加"，设置"碗底"图层（"渐变色"为灰#a4a1a1-亮灰#d7d2d2-灰#676767，"角度"为0，"不透明度"为100%）和"碗面"图层（"渐变色"为浅灰#d5d3d3-亮灰#e0dddd-灰#696767，"角度"为−42，"不透明度"为100%），效果如图2-117所示。

图2-116　添加"素材1"

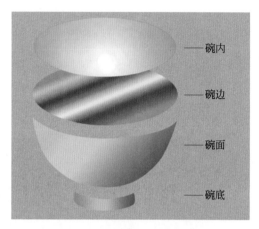

图2-117　用路径绘制碗形状

（4）设置前景色为灰色，选择"椭圆选框工具"，绘制椭圆并命名为"碗边"，添加"渐变叠加"（"样式"为"线性"，"角度"为−72，"不透明度"为100%，"渐变色"为#dd9d46-#fad560-#d6a034-#8d4513-#be810e-#f0d377-#f6f396-#c79743-#8a560d-#a77214-#e5a342），如图2-118所示，设置前景色为亮灰（#fbfbfb）、背景色为浅灰（#d0d1d0），将新建图层命名为"碗内"，按住Ctrl键并单击"碗边"图层缩略图，将该图转为选区，选择"选择"→"变换选区"菜单命令，在变换选区属性栏中调整"宽"（W）为97%，"高"（H）为95%，选择"径向渐变"，从正前方到右上方拖曳，效果如图2-119所示。

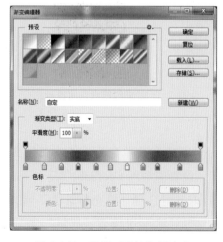

图2-118　设置"碗边"渐变色

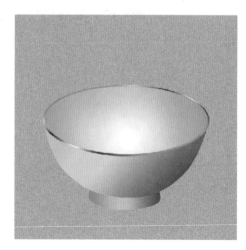

图2-119　绘制碗

（5）绘制大米，新建图层，绘制椭圆并填充灰色，使用"减淡工具" 🔍 从椭圆中间向外涂抹，用"加深工具" 🔍 对椭圆两边进行涂抹，做出大米效果并添加图层样式"投影"，最后复制多个大米摆放好位置，如图 2-120 所示。

图 2-120　绘制大米

（6）输入文字"珍惜每一粒粮食"，字体为方正粗活意简体；输入文字"节约粮食人人有责"，字体为华文行楷；输入文字 Jie Yue Liang Shi Ren Ren You Ze，字体为 Arial，如图 2-121 所示。

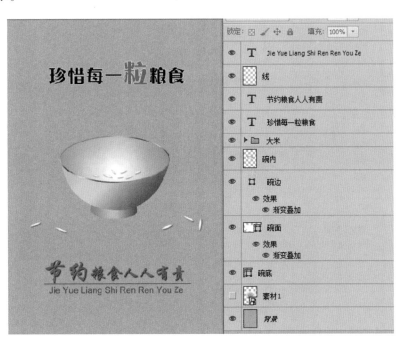

图 2-121　添加文字完成海报和图层截图

4. 印刷要求

（1）海报尺寸：宽为 70cm，高为 100cm，分辨率在 300 像素 / 英寸以上。

（2）文件保存格式为 JPG、TIF、PSD。

（3）出血尺寸：上、下、左、右各留 5mm，以防有白边，海报文件的颜色模式设置为 CMYK 模式。

（4）采用户外 PP 背胶纸。

5. 技巧点拨

1）添加杂色

"添加杂色"滤镜可以将随机的像素应用于图像，模拟在高速胶片上拍照的效果；可以用来减少羽化选区或渐变填充中的条纹或者使经过重大修饰的区域看起来更加真实；或者在一张空白的图像上生成随机的杂点，制作成杂纹或其他底纹。

操作方法：选择"滤镜"→"杂色"→"添加杂色"菜单命令，打开"添加杂色"对话框，设置"数量"为"13%"，单击"平均分布"单选按钮，勾选"单色"复选框，在图像中添加杂色，如图 2-122 所示。

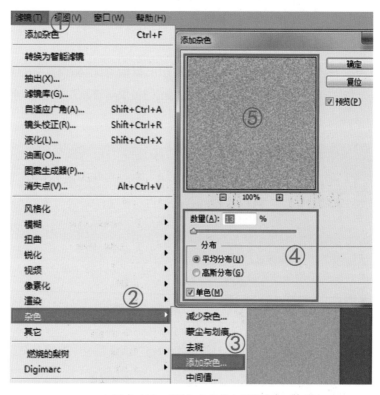

图 2-122 "添加杂色"对话框

"数量"：用来设置杂色的数量。

"分布"：用来设置杂色的分布形式，单击"平均分布"单选按钮，会随机地在图像中加入杂点，效果比较柔和；单击"高斯分布"单选按钮，会沿一条钟形曲线分布的方式来添加杂点，杂点较强烈。

"单色"：勾选该复选框，杂点只影响原有像素的亮度，像素的颜色不会改变。

2）加深 / 减淡工具

在 Photoshop CS6 工具箱中选择"减淡工具" 🔍，减淡工具组包含减淡、加深及海绵工具 3 个选项工具，如图 2-123 所示。

"减淡工具"可以使涂抹过的区域颜色减淡、变亮。使用"减淡工具"，在窗口的上方出现"减淡工具"属性栏，如图 2-124 所示。

图 2-123　加深减淡工具组

图 2-124　"减淡工具"属性栏

"范围"：选择着重减淡的范围，包括阴影、中间调（默认）、高光范围。如果选中的是高光范围，那么就是对高光进行一个颜色减淡的调整，对阴影部位的调整没有效果。

"曝光度"：减淡的强度。"曝光度"越大，减淡的力度越大。

"启用喷枪模式"：经过设置可以启用喷枪功能，可将绘制模式转换为喷枪绘制模式，在此绘制的颜色可向边缘扩散。

"加深工具"可以使涂抹过的区域颜色变深。使用"加深工具"时，在窗口的上方会出现"加深工具"属性栏，如图 2-125 所示。

图 2-125　"加深工具"属性栏

"范围"：选择着重加深的范围。

"曝光度"：加深的强度，如图 2-126 所示。

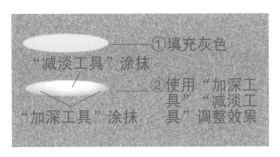

图 2-126　"加深工具""减淡工具"涂抹

第3章

封 面 设 计

本章学习要点

- 掌握书籍封面、杂志封面、企业宣传画册封面的设计方法。
- 学会封面设计中展开图的绘制、图像文件大小、参考线的计算方法。
- 学会效果图的制作方法和技巧。

封面是装帧艺术的重要组成部分，封面设计中要遵循平衡、韵律与调和的造型规律，突出主题，大胆设想，运用构图、色彩、图案等知识，设计出比较完美、典型、富有情感的封面，提高设计应用的能力。

3.1 书籍封面设计

本节知识点和技能如下。

（1）Photoshop CS6 中晶格化、球面化、杂色、动感模糊滤镜、套索工具、仿制图章工具、路径工具的操作方法和技巧。

（2）Photoshop CS6 中色阶、图层样式的使用。

（3）学会立体文字的制作、素材处理的方法和技巧。

3.1.1 教材封面设计

1. 任务描述

任务背景：小学英语能力提升，培养小学生的思维能力、使用语言能力和认知能力。

任务要求：设计教材封面，成品尺寸为 185mm × 14mm × 260mm。要求画面具有美感，重点突出行业特征，颜色鲜艳、醒目、突出，能引起客户的注意。

2. 任务效果图

任务效果图如图 3-1 所示。

图 3-1　教材封面效果图

3. 任务实施

（1）按照所给成品尺寸在草稿纸上或画图程序中绘制出展开图，并给每个面标注尺寸大小，如图 3-2 所示。

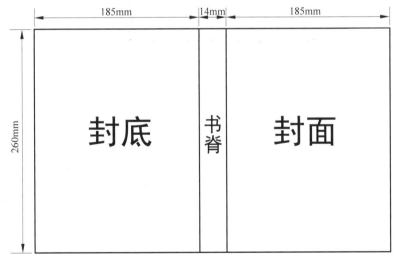

图 3-2　绘制展开图

教材封面设计

（2）启动 Photoshop CS6 软件，选择"文件"→"新建"菜单命令，新建图像文件，宽为"384mm"，高为"260mm"，分辨率为"200 像素 / 英寸"，如图 3-3 所示。

（3）设置出血位上、下、左、右各扩展 3mm，选择"图像"→"画布大小"菜单命令，在弹出的对话框内设置"定位"在中间，"宽度"为 390mm，"高度"为 266mm，"背景"为黑色，如图 3-4 所示。

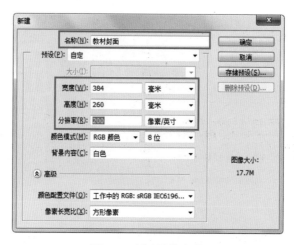

图 3-3　新建图像文件

图 3-4　扩展画布并制作出血位

（4）新建参考线，选择"视图"→"新建参考线"菜单命令，设置水平参考线分别为 3mm、263mm，垂直参考线分别为 3mm、188mm、202mm、387mm，如图 3-5 所示。

（5）将新建组命名为"背景和底色"，新建图层命名为"深橙色路径"，选择"钢笔工具"，模式为"形状"，填充颜色为橙色（#eb6100），在封面位置绘制路径并用"转换点工具"和"直接选择工具"调整路径，复制图层并命名为"浅橙色路径"，添加图层样式"颜色叠加"为黄色（#fbbf00）并调换图层顺序，选择"直接选择工具"调整路径，完成封面路径绘制，如图 3-6 中①所示。

（6）在背景层上新建图层 1，选择"矩形选框工具"在封底和书脊位置绘制长矩形并填充橙色（#eb6100），如图 3-6 中②所示。添加"素材 1.jpg"调整大小和位置，右击"栅格化图层"，选择"滤镜"→"像素化"→"晶格化"菜单命令，设置"单元大小"为 300，如图 3-6 中③所示。按 Ctrl 键单击"图层 1"缩略图并按 Ctrl+Shift 组合键单击"深橙色路径"缩略图，用"矩形选框工具"减去书脊选区，返回"素材 1"，选择"图层"→"图层蒙版"→"显示选区"菜单命令，如图 3-6 中④所示，最后将"素材 1"图层模式设为"颜色加深"，"不透明度"为 50%。

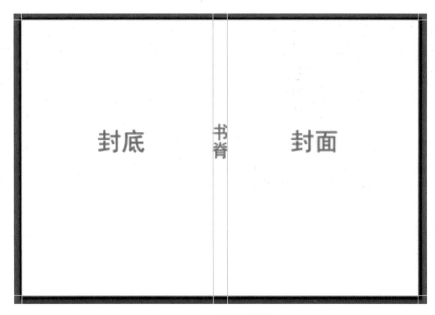

图 3-5 新建参考线

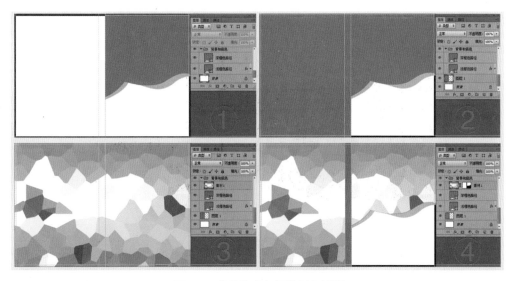

图 3-6 背景和底色组的制作过程

（7）添加"素材 2.jpg"，右击"删格化图层"，选择"多边形工具"和"磁性套索工具"去掉多余部分，选择"仿制图章工具"做出效果，将该图调换至"图层 1"上方，如图 3-7所示。

（8）新建组并命名为"ABC"，输入文字"ABC"，字体为 Arial Rounded MT 粗体，每个字母为单独一个图层，在"A"图层上，按 Ctrl+Alt+ →组合键和 Ctrl+Alt+ ↓组合键切换，复制出多个图层。将"A"图层的最上面图层添加"渐变颜色"（浅橙色 - 深橙色），其余图层合并命名为"A 立体"图层，将该图层填充"深橙色"，选择加深、减淡工具进行涂抹做出立体效果。字母"B"和"C"用相同的方法制作，如图 3-8 所示。

图 3-7　添加"素材 2"　　　　　　　　图 3-8　添加"ABC"立体文字

（9）新建组并命名为"封面字体效果"，输入文字"小学升初提升英语能力"，字体为方正粗倩简体，浑厚，每个文字为单独一个图层，将"提升英语能力"文字图层栅格化。在"提"字图层下面新建一个图层，画正圆并填充任意颜色，当前层为"提"字图层，单击圆图层缩略图，将圆转换为选区，选择"滤镜"→"扭曲"→"球面化"菜单命令，设置数量为"80"，同样地，将其他图层的"升、英、语、能、力"分别做球面化效果。最后将圆合并并添加描边，如图 3-9 所示。

图 3-9　添加封面文字

（10）添加其他文字，分别完成背面和书脊的制作，如图 3-10 所示。

（11）按 Ctrl+Shift+Alt+E 组合键盖印图层，利用"矩形工具"和"自由变换工具"做出效果图，如图 3-11 所示。

4. 印刷要求

（1）书本封面尺寸：宽度为 390mm，高度为 266mm，分辨率在 200 像素 / 英寸以上。

（2）文件保存格式为 JPG、TIF、PSD。

（3）出血尺寸：上、下、左、右各留 3mm，文件的颜色模式设置为 CMYK 模式。

（4）封面用 200 克铜版纸，它适用于彩色封面、画册、宣传册、产品手册等。

5. 技巧点拨

1）展开图尺寸计算技巧

书籍封面一般包括封面、封底、书脊；书籍封面宽度 = 封面宽度 + 书脊厚度 +

图 3-10　添加其他文字

图 3-11　教材封面立体效果图

封底宽度。例如，小学英语能力提升封面宽度＝
185+14+185=384mm，高度为 260mm，该尺寸为封面展
开的实际尺寸，在设计过程中，一般还需要在四边各增加
3mm 出血位。所以，封面的总尺寸实际为宽 390mm、高
266mm。

2）参考线

参考线是一个比较有用的功能，可以从标尺上拉出，
也可以用菜单创建参考线：选择"视图"→"新建参考
线"菜单命令，在弹出的对话框中设置"取向"为"垂
直"，"位置"为"3 毫米"，如图 3-12 所示。

图 3-12　"新建参考线"对话框

3）球面化

Photoshop 软件的"球面化"滤镜效果就像放大镜的效果那样，作用就是放大。选择"滤镜"→"扭曲"→"球面化"菜单命令，如图 3-13 所示。

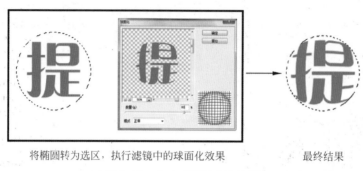

将椭圆转为选区，执行滤镜中的球面化效果　　　　　最终结果

图 3-13　文字"球面化"效果

4）条形码制作

在设计中，给客户做出效果图时，需要用到条形码图案，条形码可以有多种制作方法，这里介绍一种简单的制作方法。

（1）启动 Photoshop CS6 软件，选择"文件"→"新建"菜单命令，新建图像文件，宽为"300 像素"，高为"250 像素"。

（2）选择"滤镜"→"杂色"→"添加杂色"菜单命令，设置"数量"为"400%"，"分布"选中"平均分布"单选按钮，勾选"单色"复选框，如图 3-14 所示。

（3）选择"滤镜"→"模糊"→"动感模糊"菜单命令，设置"角度"为"90 度"，"距离"为"2000 像素"，如图 3-15 所示。

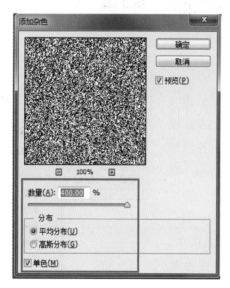

图 3-14　"添加杂色"对话框

图 3-15　"动感模糊"对话框

（4）选择"图像"→"调整"→"色阶"菜单命令。输入色阶（36，0.15，168），如图 3-16 所示。

（5）选择"矩形选框工具"画矩形，选择"选择"→"反向"菜单命令或按 Ctrl+Shift+I 组合键后，再按 Delete 键删除多余部分，添加文字，完成条形码的制作，如图 3-17 所示。

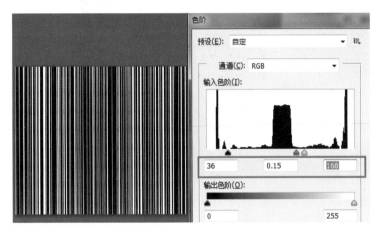

图 3-16　调整色阶

图 3-17　条形码效果

5）效果图的制作技巧

效果图通常是给客户看的，一个设计完成后，通过做出效果图来观察成品后的效果。

（1）在完成的源文件上新建一个图层，盖印图层或按 Ctrl+Shift+Alt+E 组合键，选择"矩形选框工具"将封面、书脊、封底分别复制为单个图层，如图 3-18 所示。

图 3-18　盖印图层

（2）选择图层，按 Ctrl+T 组合键自由变换，按住 Ctrl 键的同时用鼠标单击一个顶点进行调整，如图 3-19 所示。

图 3-19　自由变换

3.1.2　石谱封面设计

1. 任务描述

任务背景：庙子石，摩氏硬度为 6.5~7，主要常见的颜色有白、灰白、青白、红、黄等色，多数庙子石在不透明至半透明之间，呈宝石光或油脂光泽，水头足。其玉质最大的特点就是质地光泽如凝练的油脂，自古就有"羊脂玉"之别称，庙子石中的"奶瓷玉"为极品。庙子石中最具名气的当属中国四大奇石之一的"中华神鹰"。

任务要求：石谱封面设计，成品尺寸：210mm×18mm×280mm。要求突出主题，颜色符合主题，视觉效果强烈、高端、大气，能起到推广宣传的作用，主题核心围绕庙子石。

2. 任务效果图

任务效果图如图 3-20 所示。

3. 任务实施

（1）按照所给成品尺寸在草稿纸上或画图程序中绘制出展开图，并给每个面标上尺寸大小，如图 3-21 所示。

（2）新建图像文件，宽为"438mm"，高为"280mm"，分辨率为"300 像素 / 英寸"。

（3）设置出血位上、下、左、右各扩展 3mm，选择"图像"→"画布大小"菜单命令，定位在中间，宽度为 444mm，高度为 286mm，背景为黑色。

（4）新建参考线，选择"视图"→"新建参考线"菜单命令（水平参考线分别为 3mm、283mm，垂直参考线分别为 3mm、213mm、231mm、441mm），如图 3-22 所示。

（5）新建组，组名为"背景"，新建"图层 1"，填充背景为"浅黄色"（fbf6ac），添加素材"山水画 .jpg"，选择"多边形套索工具"将下半部分抠取，如图 3-23 中①所示，羽化

图 3-20 石谱封面效果图　　　　　　　石谱封面设计

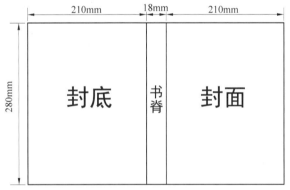

图 3-21 绘制展开图

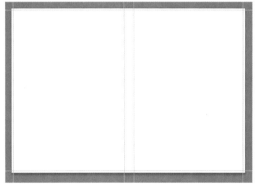

图 3-22 建立参考线

20 像素，单击"图层"→"新建"→"通过剪切的图层"并调换图层位置，再将该图层抠取右半部分，如图 3-23 中②所示，同样做羽化，剪切图层，并删除左半部分图层，复制上半部分山水图层，并水平翻转调整位置，如图 3-23 中③所示，3 个"山水画"图层模式为"正片叠底"，"不透明度"为"30%"，使用"橡皮擦工具"对山水画图层进行涂抹，使其产生过渡效果，看起来更加自然，如图 3-23 中④所示。

（6）新建组，组名为"封面"，新建图层并命名为"黄色渐变"，绘制长矩形，填充白色，添加图层样式为"渐变叠加"（"混合模式"为正常，"不透明度"为100%，"渐变色"为黄色 #fff67f- 橙色 #aa7322，"样式"为线性，"角度"为−68，"缩放"为86），添加图层样式"投影"（"混合模式"为正片叠底，"不透明度"为 75%，"角度"为 120，"距离"为 5，"大小"为 29），如图 3-24 所示。

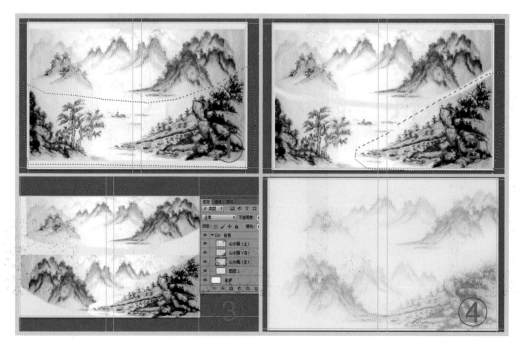

图 3-23　素材"山水画"背景制作

（7）新建图层，命名为"红色渐变"，画长矩形，相比"黄色渐变"图层宽度要小，添加图层样式为"渐变叠加"（"混合模式"为正常，"不透明度"为 100%，"渐变色"为深红 #801a02- 红 #f8380b- 深红 #8d2f14，"样式"为"线性"，"角度"为 90），输入文字"庙"，字体为创艺简行楷，文字垂直缩放 120%、水平缩放 90%，添加图层样式为"斜面浮雕、内阴影、内发光、渐变叠加、投影"，输入文字"子石石谱"，字体为创艺简行楷，字体颜色为黄色，添加图层样式"斜面浮雕、投影"，输入文字"皇家贡品"，字体为华文行楷，如图 3-25 所示。

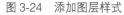

图 3-24　添加图层样式

图 3-25　添加文字做图层样式效果

（8）添加"中华神鹰 .gif"素材，设置"亮度 / 对比度"，打开"文字 1.txt"素材，将文字复制到封面中，并将其竖向排列，字体大小为 24 点，字体为钟齐陈伟勋硬笔行书，如图 3-26 所示。

图 3-26　添加素材完成封面制作

（9）新建组，组名为"封底"，将组"封面"中的"黄色渐变"和"红色渐变"图层复制到"封底"组中，调整大小。添加素材"古典边框.jpg"，将"古典边框"定义图案后填充到新建的图层中，添加素材"文字 2.txt""石 1.gif"。最后新建组，组名为"书脊"，复制组名"封底"中的"红色渐变"图层到"书脊"组中，添加文字，完成书籍封面制作。新建图层，按 Ctrl+Alt+Shift+E 组合键盖印图层，如图 3-27 所示。

图 3-27　完成封底、书脊

（10）新建图像文件，宽高为 1300 像素 ×1000 像素，背景添加"径向渐变"（渐变色为暗黄 #e9c114- 深红 #6a1602），分别复制盖印图层中的封面、封底和书脊为单独图层，调整大小和位置，做好封面和封底的效果图，如图 3-28 所示。

4. 印刷要求

（1）书本封面尺寸：宽为 438mm，高为 280mm，分辨率在 200 像素 / 英寸以上。

（2）文件保存格式为 JPG、TIF、PSD。

（3）出血尺寸：上、下、左、右各留 5mm，文件的颜色模式设置为 CMYK 模式。

（4）封面用 260~300 克铜版纸。

图 3-28　立体效果图

5. 技巧点拨

1）"庙"字技巧

案例中的"庙"字在封面中有较突出明显的效果，该文字添加了多个图层样式，操作步骤如下。

（1）输入文字"庙"，字体为创艺简行楷，字体大小为 190 点，设置垂直缩放 120%、水平缩放 90%，如图 3-29 所示。

图 3-29　文字设置

（2）添加图层样式，"斜面和浮雕"（"深度"为 470%，"大小"为 4 像素，"光泽等高线"为"环形"，"高光模式"为滤色，白色，"不透明度"为 91%，"等高线"为"半圆"），"内阴影"（"混合模式"为"正片叠底"，白色，"距离"为 5 像素，"大小"为 5 像素），"内发光"（"混合模式"为"正常"，"不透明度"为 100%，浅黄色，"大小"为 5 像素，"范围"为 25 像素），"渐变叠加"（橙色 - 黄色 - 深橙），"投影"（"距离"为 11 像素，"大小"为 5 像素），如图 3-30 所示。

2）素材"古典边框"详解

素材"古典边框"的大小与封面文件大小不匹配，因该素材尺寸较小，所以在定义图案前

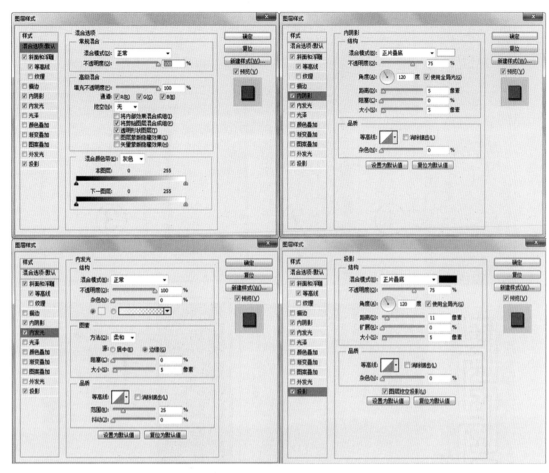

图 3-30　文字添加图层样式

将素材拖曳到封面文件中，按封面文件的尺寸调整，然后再做定义和填充。其操作步骤如下。

（1）将素材"古典边框 .jpg"拖曳到封面文件中，自由变换调整大小与封面的高度相等，将"古典边框"复制到新建文件中（按 Ctrl 键单击古典边框缩略图，选择"文件"→"新建"菜单命令，默认大小，单击"确定"按钮，在新文件中粘贴），如图 3-31 中①、②所示。

（2）隐藏背景，选择"选择"→"色彩范围"菜单命令（选择为"高光"），按 Delete 键删除白色背景，按 Ctrl+A 组合键全选，选择"编辑"→"定义图案"菜单命令，返回封面文件中，按 Ctrl 键单击"红色渐变"缩略图，将该图层作为选区，新建图层，选择"编辑"→"填充图案"菜单命令，选择定义好的"古典边框"图案，再将图层模式改为"颜色减淡"，如图 3-31 中③、④、⑤所示。

3）效果图的制作技巧

设计书本封面效果图最简单的方法：将效果图模板（可以在网上找一些模板）在 Photoshop 软件中打开，将切割好的封面、书脊、封底按照效果图自由变换，最后再添加背景。当然也可以自行调整效果，将切割好的封面、书脊、封底自由变换成自己想要的效果，还可以使用"加深工具""减淡工具"增强效果，如图 3-32 所示。

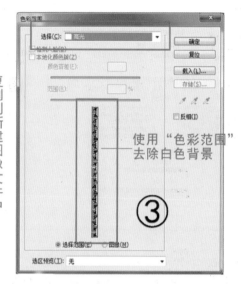

图 3-31   定义、填充图案

图 3-32   效果图制作

3.2　杂志封面设计

本节知识点和技能如下。

（1）Photoshop CS6 中高斯模糊、镜头光晕滤镜、图层样式的操作方法和技巧。

（2）学会封面设计中产品抠图、产品倒影、文字效果的制作方法和技巧。

（3）学会用自定义工具绘制心形，制作立体心形效果。

3.2.1　美妆护肤杂志封面设计

1. 任务描述

任务背景：玉兰油新系列套装，挑战逆转肌龄，唤醒年轻肌因，4 大肌肤能量复合物，绽放年轻自信光彩。

任务要求：美妆护肤杂志封面设计，成品尺寸为 210mm×297mm。设计要高档、大气、时尚，主题明确，能够引起客户的注意。

2. 任务效果图

任务效果图如图 3-33 所示。

图 3-33　美妆护肤杂志封面效果图

3. 任务实施

（1）按照所给成品尺寸在草稿纸上或画图程序中绘制出展开图，并给每个面标注尺寸大小，如图 3-34 所示。

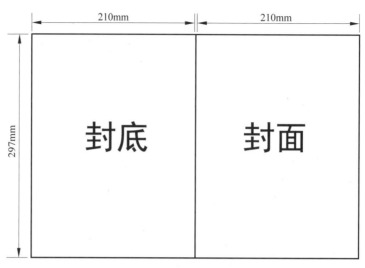

图 3-34   绘制展开图

（2）新建图像文件，宽为 "420mm"，高为 "297mm"，"分辨率" 为 "200 像素 / 英寸"，如图 3-35 所示。

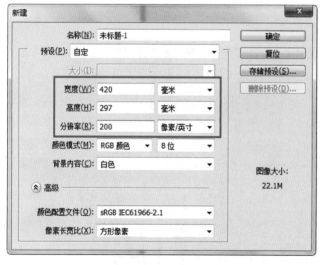

图 3-35   新建图像文件

美妆护肤杂志封面设计

（3）设置出血位上、下、左、右各扩展 3mm，选择 "图像" → "画布大小" 菜单命令，定位在中间，宽度为 426mm，高度为 303mm，背景为黑色。

（4）新建参考线，选择 "视图" → "新建参考线" 菜单命令，水平参考线分别为 3mm、300mm，垂直参考线分别为 3mm、213mm、423mm，如图 3-36 所示。

（5）新建组并命名为 "背景"，新建图层，用画笔涂抹，如图 3-37 所示。选择 "滤镜" → "模糊" → "高斯模糊" 菜单命令（半径为 300 像素），复制该图层，选择 "滤镜" → "渲染" → "镜头光晕" 菜单命令（亮度为 100%，镜头类型为 50~300mm 变焦），新建图层，做径向渐变（红色到透明），画长矩形，然后填充暗红色，如图 3-38 所示。

图 3-36　添加参考线

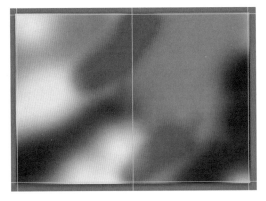

图 3-37　画笔涂抹

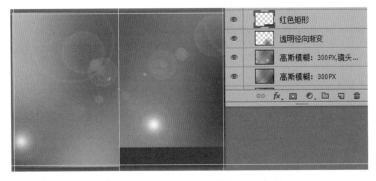

图 3-38　添加镜头光晕、渐变、红色矩形

（6）新建组并命名为"封面"，添加"人物 .jpg"素材，栅格化并添加蒙版涂抹掉蓝色背景。"封面"组内新建组并命名为"产品"，将素材 1.jpg、2.jpg、3.jpg、4.jpg 分别抠出并调整效果，如图 3-39 所示。将产品组复制一份做倒影，新建组并命名为"文字"，将文字输入并调整，添加"LOGO.jpg"素材，新建组并命名为"耀目升级"，在该组中输入文字"耀目升级"，画圆再减去一个圆，添加图层样式"内发光""渐变叠加""投影"，完成封面的制作，如图 3-40 所示。

图 3-39   添加人物和产品素材

图 3-40   封面完成效果

（7）新建组"封底"，添加文字和素材"LOGO.jpg"，将素材"5.jpg"抠出并调整"亮度 / 对比度"，做倒影效果，完成封底制作，如图 3-41 所示。

4. 印刷要求

（1）杂志展开尺寸：宽为 420mm，高为 297mm，分辨率在 300 像素 / 英寸以上，文件的颜色模式设置为 CMYK 模式，出血尺寸为上、下、左、右各留 3mm。

（2）文件保存格式为 JPG、TIF、PSD。

（3）封面、封底用 250 克双面铜版纸并覆光胶膜，内页 157 克双面铜版纸（覆膜），防水，耐磨，持久保存。

5. 技巧点拨

1）"镜头光晕"滤镜

"镜头光晕"滤镜能够在图像上添加强光点，然后产生一种强光在图像上反射的效果。

操作方法：打开图片，选择"滤镜"→"渲染"→"镜头光晕"菜单命令，在弹出的"镜头光晕"对话框中设置。可以看到，在图像预览框中，鼠标单击的地方会添加亮光点，如图 3-42 所示。

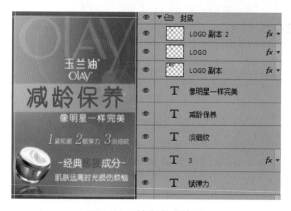
图 3-41   封底完成效果

图 3-42   "镜头光晕"对话框

2）案例中"耀目升级"绘制技巧

该组效果主要是绘制圆和渐变色的设置，其操作步骤如下。

（1）按住 Shift 键绘制正圆，填充黑色，选择"选择"→"变换选区"菜单命令，将圆缩小，按 Delete 键将其删除，如图 3-43 所示。

图 3-43　画圆步骤

（2）添加图层样式"内发光"（"混合模式"为"滤色"，"不透明度"为 93%，黄色，"大小"为 5 像素），如图 3-44 所示。添加"渐变叠加"（"不透明度"为 100%，"线性渐变色"为 #f5f2c5-#ceb484-#f6f3c7-#ceb484-#f4efc3，"角度"为 90 度），如图 3-45 所示。添加"投影"（"距离"为 5 像素，"大小"为 5 像素），如图 3-46 所示。

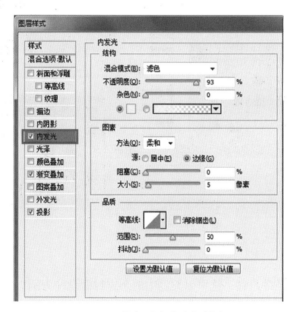

图 3-44　添加"内发光"样式

（3）当前在"圆"图层中选择"窗口"→"样式"菜单命令，打开图层"样式"面板，在"样式"面板中单击右上角的小三角按钮，选择"新建样式"命令，弹出"新建样式"对话框，在"名称"中输入"耀目"，单击"确定"按钮，将前面的圆图层的样式保存起来，输入文字"耀目升级"，单击"样式"面板中的"耀目"样式，如图 3-47 所示。

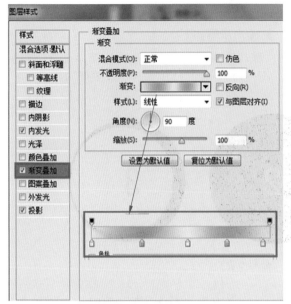

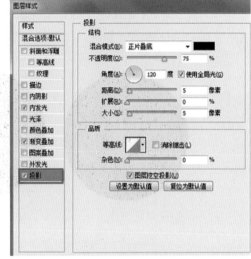

图 3-45　添加"渐变叠加"样式　　　　　　　图 3-46　添加"投影"样式

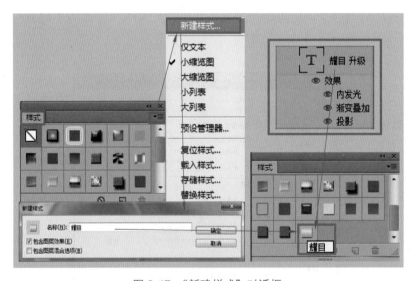

图 3-47　"新建样式"对话框

3）抠图技巧

抠图在平时设计中经常遇到，这里以案例中的杂志封面设计为例，例举几种常用抠图方法。

（1）套索工具抠图。

"磁性套索工具"抠图适用于图像边界清晰的情况，磁性套索会自动识别并粘附在图像边界上，"多边形套索工具"可以抠出任意选区。

打开素材"5.jpg"，选择"磁性套索工具"，沿着图像边缘移动，产品中包含有与背景色相似的颜色，这时要选择"多边形套索工具"。在属性栏中选择"添加到选区"，将选取不完整的选区添加，如图 3-48 所示。

"磁性套索工具"抠图　　　　"多边形套索工具"添加到选区　　按Ctrl+J组合键复制选区并完成抠图

图 3-48　"磁性套索工具"抠图

（2）"魔棒工具"抠图。

"魔棒工具"抠图适用于图像和背景色反差较大、背景单一、图像边界清晰的素材。

打开素材"2.jpg"，选择"魔棒工具"，容差为"20"，单击白色背景，在属性栏中选择"添加到选区"将背景的白色选取，选择"多边形套索工具"，在属性栏中选择"从选区减去"，将产品与背景颜色相似的选区减去，如图 3-49 所示。

"魔棒工具"选取背景　　　　"多边形套索工具"将产品　　　按Ctrl+Shift+I组合键反向选择，
　　　　　　　　　　　　　与背景色相似区域减去　　　　按Ctrl+J组合键复制选区并完成抠图

图 3-49　"魔棒工具"抠图

（3）"钢笔工具"抠图。

"钢笔工具"抠图适用于外形复杂、不连续、色差不大的图。

打开素材"4.jpg"，选择"钢笔工具"，在需要抠图的地方描点，选择"直接选择工具""转换点工具"调整路径，右击，在弹出的快捷菜单中选择"建立选区"命令，如图 3-50 所示。

      "钢笔工具"描点   将路径转为选区   按Ctrl+J组合键复制选区并完成抠图

图 3-50   "钢笔工具"抠图

（4）"背景橡皮擦工具"抠图。

"背景橡皮擦工具"可以很轻松地自动识别到边缘区域，快速地去除背景。

打开素材"人物 .jpg"，选择"背景橡皮擦工具"，在属性栏中选择"查找边缘"，勾选"保护前景色"复选框，画笔笔头大小可随意调整，如图 3-51 所示。

图 3-51   "背景橡皮擦工具"抠图

（5）"色彩范围"菜单抠图。

"色彩范围"抠图适用于背景色单一、图像分明、背景无色彩的素材。

打开素材"LOGO.jpg"，选择"选择"→"色彩范围"菜单命令，在弹出的对话框中，用颜色吸管拾取背景色或者是吸取文字颜色，如图 3-52 所示。

图 3-52 "色彩范围"对话框

3.2.2 《时尚新娘》杂志封面设计

1. 任务描述

任务背景:《时尚新娘》杂志是一本面向现代女性的新婚时尚类杂志,它与读者分享当代女性生活的乐趣和美学,为读者提供国内外丰富的婚礼、婚纱资讯。长期以来,该杂志深受广大女性读者的喜爱。

任务要求:《时尚新娘》杂志封面设计成品尺寸为 210mm×285mm。要求时尚、美观、大气,创意独特,具有视觉冲击力,能展现出美的气息,让人印象深刻,突出婚纱主题,以"美""爱"相关元素为主题。

2. 任务效果图

任务效果图如图 3-53 所示。

图 3-53 《时尚新娘》杂志封面效果图

《时尚新娘》杂志封面设计

3. 任务实施

（1）按照所给成品尺寸在草稿纸上或画图程序中绘制出展开图，并给每个面标注尺寸大小，如图 3-54 所示。

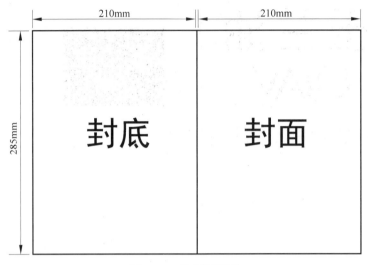

图 3-54　绘制展开图

（2）启动 Photoshop CS6 软件，选择"文件"→"新建"菜单命令，新建图像文件，宽为 420mm，高为 285mm，分辨率为 200 像素。

（3）设置出血位上、下、左、右各扩展 3mm，选择"图像"→"画布大小"菜单命令，定位在中间，宽度为 426mm，高度为 291mm，背景为黑色。

（4）新建参考线，选择"视图"→"新建参考线"菜单命令（水平参考线分别为 3mm、288mm，垂直参考线分别为 3mm、213mm、423mm）。

（5）新建组并命名为"背景"，在封底位置画矩形框并做"径向渐变"（白色 - 灰蓝色），添加素材"1.jpg"，自由变换调整位置和大小，选择"图层"→"新建调整图层"→"亮度/对比度"菜单命令（亮度为 +19，对比度为 +26），添加素材"2.jpg"，增加"亮度 / 对比度"，并复制多片玫瑰调整效果，如图 3-55 所示。

（6）输入文字"时尚"，字体为锐字锐线怒放黑简；输入文字"新娘"，字体为幼圆。

（7）新建组并命名为"封面文字"，输入文字"新娘 The bride"，中文字体为黑体，英文字体为 Arial；输入文字"今天你最美"，字体为禹卫书法行书繁体。添加素材"3.jpg"，自由变换并调整大小和位置，输入文字"浪漫婚纱，幸福新娘"，字体为黑体；输入文字"Love for All seasons，happy life"；输入字体为 ITCBLKAD，最后在组中添加图层样式"颜色叠加"（红色）和"投影"，如图 3-56 所示。

（8）新建组并命名为"封底"，新建图层并命名为"心形 1"，选择"自定义形状工具"绘制心形，添加图层样式"渐变叠加"（深红 - 红色），添加"投影"（保持默认设置）。复制"心形 1"并命名为"心形 2"，修改图层样式"渐变叠加"（渐变色为白色 - 蓝灰色，

图 3-55　新建背景组、添加素材

图 3-56　添加封面文字

描边为 5 像素，白色），添加素材 "4.jpg"，调整位置，将 "心形 2" 作为选区，将选区自由变换，添加图层蒙版，调整 "亮度 / 对比度"。将 "心形 1" "心形 2" 复制合并，复制多个合并图层，调整位置和大小，完成心形效果的制作。最后添加文字完成封底的制作，如图 3-57 所示。

4. 印刷要求

（1）杂志展开尺寸：宽为 420mm，高为 285mm，分辨率在 300 像素 / 英寸以上，文件的颜色模式设置为 CMYK 模式，出血尺寸为上、下、左、右各留 3mm。

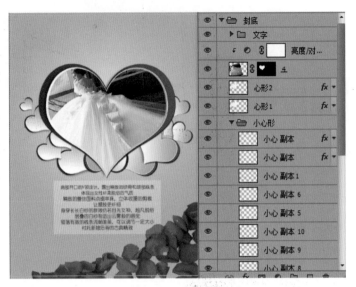

图 3-57 完成封底制作

（2）文件保存格式为 JPG、TIF、PSD。

（3）封面、封底用 250 克双面铜版纸并覆光胶膜，内页 157 克双面铜版纸（覆膜），防水，耐磨，持久保存。

5. 技巧点拨

1）"今天你最美"字体效果

输入文字"今天你最美"，打开素材"3.jpg"，选择"选择"→"色彩范围"菜单命令，在弹出的对话框中"选择"为"高光"，如图 3-58 中①所示，单击"确定"按钮，将玫瑰图案去除白色背景，如图 3-58 中②所示，将玫瑰拖曳到"美"字的尾部，添加图层样式"颜色叠加"（颜色为红色），再添加"投影"，如图 3-58 中③所示。

图 3-58 字体效果

2）心形制作

选择"自定义形状工具"（图 3-59），在工具属性栏中选择心形形状，工具模式选择"形状"（图 3-60），画出两个心形，分别添加图层样式（图 3-61）。

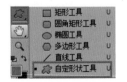

图 3-59 自定义形状工具

图 3-60　"自定义形状工具"属性设置

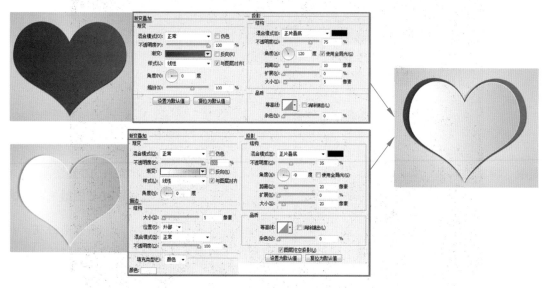

图 3-61　心形添加图层样式步骤

3.3　企业宣传画册（珠宝宣传）封面设计

本节知识点和技能如下。

（1）Photoshop CS6 中画笔工具的设置，矢量工具的操作方法和技巧。

（2）学会产品图的处理方法和技巧。

（3）了解三折宣传画册的几种折法。

1. 任务描述

任务背景：广东天工坊珠宝发展有限公司是一家专业玉石加工和专营销售天然玉石的公司。

任务要求：珠宝宣传封面设计，成品尺寸为 140mm × 285mm，展开尺寸为 420mm × 285mm。要求美观、大气，能展现出主题的文化气息，让人印象深刻，视觉效果好，能够起到宣传的作用。

2. 任务效果图

任务效果图如图 3-62 所示。

3. 任务实施

（1）按照所给成品尺寸在草稿纸上或画图程序中绘制出展开图，并给每个面标注尺寸大小，如图 3-63 所示。

（2）启动 Photoshop CS6 软件，选择"文件"→"新建"菜单命令，新建图像文件，宽为 420mm，高为 285mm，分辨率为 200 像素。

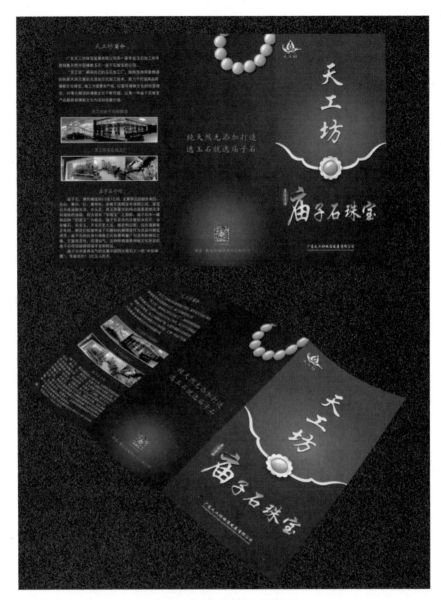

图 3-62　珠宝宣传封面效果图

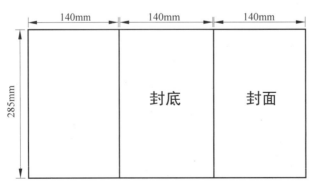

图 3-63　绘制展开图

珠宝宣传封面设计

（3）设置出血位上、下、左、右各扩展 3mm，选择"图像"→"画布大小"菜单命令，定位在中间，宽度为 426mm，高度为 291mm，背景为黑色。

（4）新建参考线，选择"视图"→"新建参考线"菜单命令，水平参考线分别为 3mm、288mm，垂直参考线分别为 3mm、143mm、283mm、423mm，如图 3-64 所示。

图 3-64　添加参考线

（5）新建组命名为"背景"，新建图层 1，设置前景色为红色，背景色为深红，选择"径向渐变"（前景到背景渐变），由内向外进行拖曳，设置前景色为亮红色，选择"径向渐变"（前景到透明渐变），在封底位置拖曳，如图 3-65 中①所示。新建图层，设置前景色为黄色，选择"钢笔工具"，在封面位置绘制形状路径，并添加图层样式"渐变叠加"，如图 3-65 中②所示，复制形状图层，并调整路径，将路径转为选区，新建图层命名"红色渐变"做径向渐变效果（亮红 - 红色），如图 3-65 中③所示，打开"底纹 .jpg"，定义图案，新建图层"底纹"并填充图案，选取"形状 1"减去"红色渐变"的选区（方法：按住 Ctrl 键单击"形状 1"缩略图，再按 Ctrl+Alt 组合键单击"红色渐变"缩略图，得到两个图层相减的选区），返回"底纹"图层，选择"图层"→"图层蒙版"→"隐藏选区"菜单命令，完成背景制作，如图 3-65 中④所示。

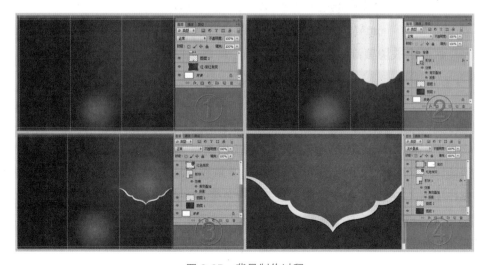

图 3-65　背景制作过程

（6）新建组并命名为"封面"，新建组并命名为"玉"，分别制作"花形描边圆""描边图层""红色渐变圆""黄色渐变圆""古典花纹""玉"图层并按顺序排列好，右击"黄色渐变圆"图层，选择快捷菜单中的"栅格化图层样式"命令，右击"古典花纹"图层，选择快捷菜单中的"创建剪贴蒙版"命令。最后在花形图组上新建"亮度 / 对比度"（亮度为 +9 ）。添加素材"LOGO.jpg"和文字完成封面制作，如图 3-66 所示。

图 3-66　完成封面制作

（7）新建组并命名为"封底"，将封面的"玉"图层复制多个，做成一串玉珠效果，添加文字和素材"天工坊淘宝店二维码 .jpg"，完成封底制作，如图 3-67 所示。

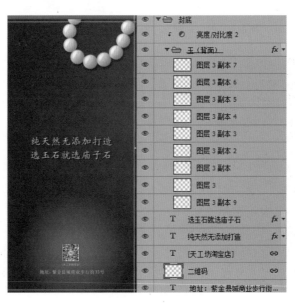

图 3-67　完成封底制作

（8）新建组"内页"，打开素材"文字 .txt"，将文字排列，添加素材"图 .psd"，将公司图片排列，完成内页制作，如图 3-68 所示。

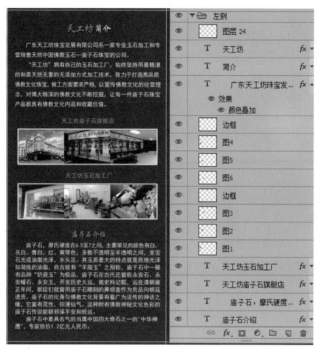

图 3-68　完成内页制作

4. 印刷要求

（1）企业宣传封面尺寸：宽为 420mm，高为 285mm，分辨率在 300 像素 / 英寸以上，文件的颜色模式设置为 CMYK 模式，出血尺寸为上、下、左、右各留 3mm。

（2）文件保存格式为 JPG、TIF、PSD。

（3）使用 250~300 克铜版纸 + 覆光膜，三折页，关门折，将纸张由左向右内折，像两扇门（两折线）。三折页折法常用的有风琴折、关门折等。

5. 技巧点拨

1）封面路径图制作技巧

选择"钢笔工具"，设置形状属性（图 3-69），绘制形状，将形状复制并合并，复制合并图层并修改路径，将路径转为选区，做径向渐变（红 - 深红），如图 3-70 所示。

图 3-69　"钢笔工具"属性设置

2）封面花形图详解

花形图分为几部分，包括花形描边圆、描边图层、红色渐变圆、黄色渐变圆、古典花纹、玉，如图 3-71 所示。

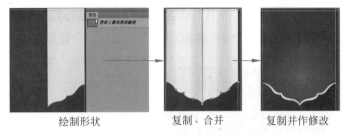

绘制形状　　　　　　复制、合并　　　　复制并作修改

图 3-70　绘制形状

（1）花形描边圆。

① 选择"椭圆工具"　，设置路径属性中工具模式为路径，单击鼠标，在弹出的对话框中输入"宽度"和"高度"均为 187 像素），如图 3-72 所示。

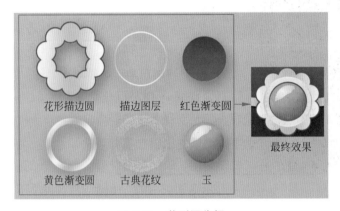

图 3-71　花形图分解

图 3-72　"创建椭圆"对话框

② 选择画笔工具，打开"画笔"面板，笔头"大小"为 68 像素，"间距"为 86%，"硬度"为 100%，打开路径面板，描边路径，如图 3-73 所示。

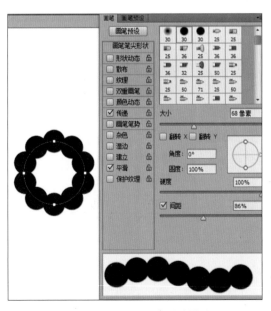

图 3-73　设置画笔属性并描边

③ 添加图层样式"渐变叠加"（渐变色为 #f5f2c5-#ceb484-#f6f3c7，角度为 0 度），添加"描边"（暗红色 #8f0a0b）。

（2）描边图层。

① 新建图层并命名为"描边"，将椭圆路径转换为选区，选择"编辑"→"描边"菜单命令（宽度为 5 像素，颜色为白色，位置为居中）。

② 添加图层样式"渐变叠加"与"花形描边圆"，渐变色相同，渐变角度 90 度，如图 3-74 所示。

（3）红色渐变圆。

选择"椭圆工具"，工具模式为像素，单击鼠标，在弹出的对话框中输入宽、高均为 155 像素，添加"渐变叠加"（渐变色为红 #e00505- 暗红 #780404，角度为 90 度）。

（4）黄色渐变圆。

选择"椭圆工具"，工具模式为形状，单击鼠标，在弹出的对话框中输入宽、高均为 183 像素，设置路径属性中的"路径操作"，选择"排除重叠形状"，单击鼠标，在弹出的对话框中输入宽、高均为 150 像素，添加"渐变叠加"（渐变色为 #ffde00-#fefe61-#ffde00-#fefe61-#ffde00-#fefe61，角度为 0 度），如图 3-75 所示。

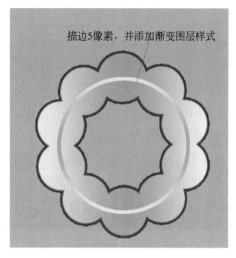

描边 5 像素，并添加渐变图层样式

图 3-74　描边

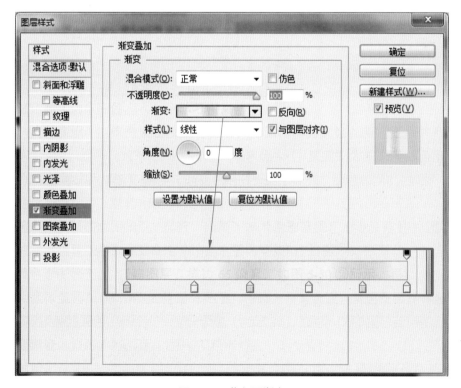

图 3-75　黄色圆渐变

（5）古典花纹。

打开素材"古典花纹 .jpg"，双击背景图层转为普通图层，选择"选择"→"色彩范围"菜单命令（"选择"为"阴影"），按 Delete 键删除背景，添加"渐变叠加"（渐变色为 #f5f2c5-#ceb484-#f6f3c7）。

（6）玉。

打开素材"玉 .jpg"，用"椭圆选框工具"绘制椭圆，将玉图复制。

第 4 章

包 装 设 计

本章学习要点

- 掌握包装盒、礼品袋包装，食品袋包装的设计方法和技巧。
- 学会包装设计展开图的计算。
- 学会包装设计效果图制作。

包装是品牌理念、产品特性、消费心理的综合反映，它直接影响消费者的购买欲。包装的功能是为了保护商品、传达商品信息、方便使用、运输、促进销售等。包装具有商品和艺术相结合的双重性。包装设计即指选用合适的包装材料，运用巧妙的工艺手段，为包装商品进行的容器结构造型和包装的美化装饰设计。包装设计除了要遵循平面设计的规律外，还要反映出商品信息、产品形象等。

4.1　礼品盒包装设计

本节知识点和技能如下。

（1）Photoshop CS6 中浮雕、模糊滤镜、画笔工具、路径的操作方法和技巧。

（2）学会文字设计、包装盒设计、礼品袋设计的方法和技巧。

4.1.1　绿茶礼品盒包装设计

1. 任务描述

任务背景：在地域辽阔的中国，产茶区多集中在扬子江以南地区。江南就是一大著名产茶区，盛产多种名茶，尤其以绿茶而闻名。自古以来，江南茶区水路发达，以纵横贯通的河川而闻名遐迩。这一带也被称为"鱼米之乡"，是盛产农作物的地区。

任务要求：茶叶包装设计，礼品盒成品尺寸为 36cm × 10cm × 26cm，500 克，内装直径为 8.5cm、高为 10.5cm 的茶叶两筒。设计风格：以中国文化为主，可以采用传统的图案或花卉等进行渲染，能展现出高雅、清新、悠然自在的境界。以绿茶文化为色彩，该款包装是通用包装，可用于多种中高档的绿茶包装，包装不需要奢华包装，但要雅致，能提升品牌的档次。

2. 任务效果图

任务效果图如图 4-1 和图 4-2 所示。

3. 任务实施

（1）按照所给成品尺寸在草稿纸上或画图程序中绘制出展开图，并给每个面标注尺寸大小，如图 4-3 所示。

图 4-1　茶叶包装立体效果图

绿茶礼品盒包装设计

图 4-2　茶叶包装平面展开图效果

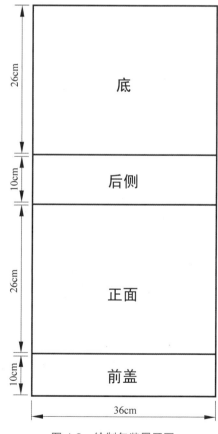

图 4-3　绘制包装展开图

（2）启动 Photoshop CS6 软件，选择"文件"→"新建"菜单命令，新建图像文件，宽为 36cm，高为 72cm，分辨率为 150 像素 / 英寸。

（3）设置出血位上、下、左、右各扩展 0.5cm，选择"图像"→"画布大小"菜单命令，定位在中间，宽度为 37cm，高度为 73cm，背景为黑色。

（4）新建参考线，选择"视图"→"新建参考线"菜单命令（水平参考线分别为 0.5cm、26.5cm、36.5cm、62.5cm、72.5cm，垂直参考线分别为 0.5cm、36.5cm）。

（5）新建组并命名为"底纹"，新建图层并命名为"背景色"，填充颜色绿色（#2c8201），打开素材"底纹 .jpg"，双击背景图层将其转换为普通图层，选择"选择"→"色彩范围"菜单命令（选择为高光），按 Delete 键去掉背景色，如图 4-4 所示。

图 4-4　去除背景

（6）选择"图像"→"图像大小"菜单命令（勾选"约束比例"复选框，"宽度"为 1000，"高度"为 767），扩大图像文件，如图 4-5 所示。

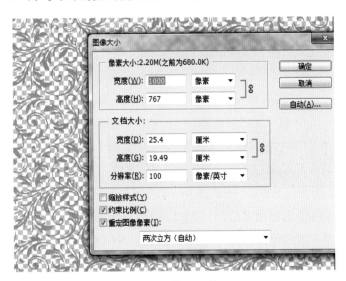

图 4-5　扩展图像

（7）按 Ctrl+A 组合键全选"底纹 .jpg"文件，选择"编辑"→"定义图案"菜单命令，返回到茶叶包装文件中，新建图层并命名为"底纹"，选择"编辑"→"填充"菜单命令（填充图案），添加图层模式"叠加"，选择"滤镜"→"风格化"→"浮雕效果"菜单命令，设置"角度"为 135，"高度"为 3，如图 4-6 所示。

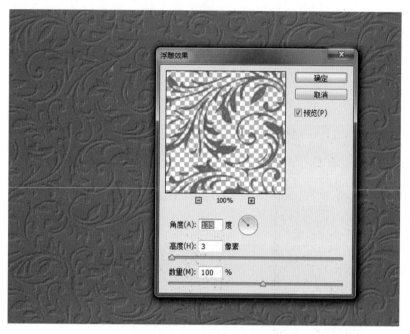

图 4-6   定义图案并填充背景

（8）新建图层并命名为"深绿矩形"，在包装正面的中间位置画长矩形，填充为深绿色，选择"选择"→"变换选区"菜单命令（H 为 96%），再新建图层并命名为"涂抹色"，选择"画笔工具"用浅绿（#6bab2b）和浅黄色（#cdf469）涂抹，如图 4-7 所示。

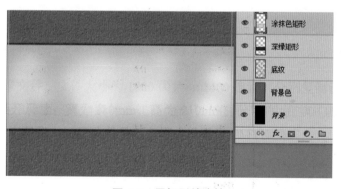

图 4-7   画矩形并涂抹

（9）当前层位于"涂抹色"图层，选择"滤镜"→"模糊"→"高斯模糊"菜单命令（"数量"为 150），添加素材"小桥 .jpg"，图层模式为"正片叠底"，"不透明度"为 30%，添加素材"叶片 .jpg"，图层模式为"正片叠底"，"不透明度"为 67%，如图 4-8 所示。

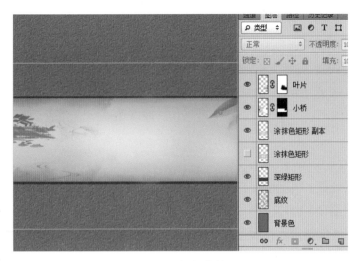

图 4-8　添加素材

（10）输入文字"茶"，字体大小为 260 点，字体为禹卫书法行书繁体；输入文字"韵"，字体大小为 180 点，字体为禹卫书法隶书简体；输入"茶"字并栅格化，设置前景色为深绿色，选择"路径工具"，选择"形状"工具模式绘制叶片形状，添加其他文字，完成包装的正面制作，如图 4-9 所示。将"茶韵"文字复制到前盖和后侧位置，完成包装制作。

图 4-9　用路径绘制叶片并添加文字

（11）在包装文件中新建图层，按 Ctrl+Shift+Alt+E 组合键盖印图层，将各部分剪切为单独的一个图层。新建文件并命名为"包装效果图"，文件大小为"1200 像素 × 1200 像素"，将剪切好的图片拖曳到包装效果图文件中，按 Ctrl+T 组合键自由变换，按住 Ctrl 键的同时，用鼠标移动变换点位置，分别调整正面和前盖位置，填充背景色，在包装盒下做阴影效果，完成包装立体效果图的制作。

4.印刷要求

（1）茶叶包装尺寸：宽为 36cm，高为 72cm，分辨率为 300 像素 / 英寸，文件的颜色模式设置为 CMYK 模式，出血尺寸为上、下、左、右各留 0.5cm。

（2）文件保存格式为 JPG、TIF、PSD。

（3）包装礼盒类型：天地盖，材质为硬纸板，厚度 3mm，光滑材质。

5.技巧点拨

1）展开图尺寸计算技巧

茶叶包装为天地盖，包括前盖、正面、后侧、底；茶叶包装高度 = 前盖 + 正面 + 后侧 + 底。本案例中茶叶高度 =10+26+10+26=72cm，宽度 =36cm，该尺寸为包装展开的实际尺寸，在设计的过程中，一般还需要在四边各增加 0.5cm 出血位，所以茶叶包装的总尺寸实际为宽 37cm、高 73cm。

2）浮雕效果

浮雕效果滤镜的原理是降低周围的色值，产生灰色的浮凸效果。

操作方法：选择"滤镜"→"风格化"→"浮雕效果"菜单命令，弹出"浮雕效果"对话框，在该对话框中可以对"角度""高度""数量"参数进行设置，如图 4-10 所示。

"角度"：设置浮雕的角度，即浮雕的受光和背光的角度。

"高度"：控制创建浮雕的高度。

"数量"：设置创建浮雕的数值，数值越大效果越明显。

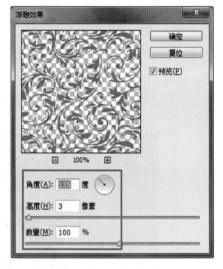

图 4-10 "浮雕效果"对话框

3）"茶"字技巧

文字与形状或者图形相结合的字体效果，也是在设计中常见的一种字体效果，这里以案例中的"茶"字为例加以介绍。

（1）输入文字"茶"，将文字栅格化或者转换为形状，去除文字中需要做变化的部分。

（2）选择"钢笔工具"，在属性栏中设置工具模式为"形状"，颜色为绿色，如图 4-11 所示。

图 4-11 "钢笔工具"属性设置

（3）选择"钢笔工具"绘制锚点，选择"添加锚点工具""转换点工具""直接选择工具"调整路径，完成叶片效果制作，如图 4-12 所示。

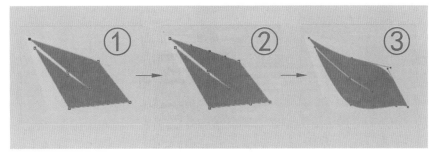

图 4-12　绘制叶片过程

（4）调整叶片与文字的位置，如图 4-13 所示。

图 4-13　文字效果

4.1.2　月饼礼品盒包装设计

1. 任务描述

任务背景：农历八月十五日是传统的中秋佳节。中秋之夜，人们仰望天空中如玉如盘的朗朗明月，期盼与家人团聚。

任务要求：礼品盒包装成品尺寸为 27cm×6cm×27cm，礼品袋成品尺寸为 32cm×9cm×37cm。设计要求利用丰富的传统文化要素诠释中秋文化意境，喜庆，有节日氛围，色彩鲜艳。

2. 任务效果图

任务效果图如图 4-14~图 4-16 所示。

图 4-14 月饼礼品盒包装平面展开图效果　　　　　　　月饼礼品盒包装设计

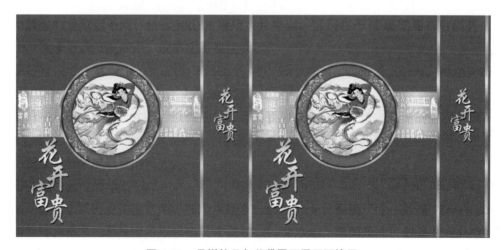

图 4-15 月饼礼品包装袋平面展开图效果

图 4-16 月饼礼品包装立体效果图

3.任务实施

（1）按照所给成品尺寸在草稿纸上或画图程序中绘制出展开图，并给每个面标注尺寸大小，如图 4-17 所示。

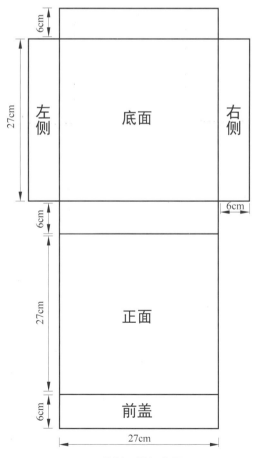

图 4-17 绘制月饼包装展开图

（2）启动 Photoshop CS6 软件，选择"文件"→"新建"菜单命令，新建图像文件，宽为 39cm，高为 72cm，分辨率为 150 像素 / 英寸。

（3）设置出血位上、下、左、右各扩展 0.5cm，选择"图像"→"画布大小"菜单命令，定位在中间，宽度为 40cm，高度为 73cm，背景为黑色。

（4）新建参考线，选择"视图"→"新建参考线"菜单命令（水平参考线分别为 0.5cm、6.5cm、33.5cm、39.5cm、66.5cm、72.5cm，垂直参考线分别为 0.5cm、6.5cm、33.5cm、39.5cm），如图 4-18 所示。

（5）新建图层并命名为"展开图"，选择"矩形选框工具"绘制展开图并填充红色，如图 4-19 所示。

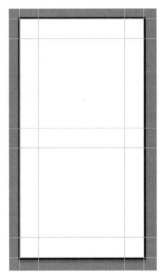
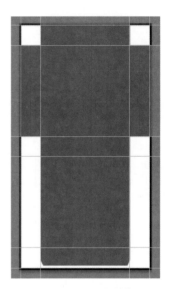

图 4-18　添加参考线图　　　　图 4-19　展开图填充背景色

（6）打开素材"祥云 .jpg"，双击背景图层转换为普通图层，选择"图像"→"调整"→"去色"菜单命令，选择"图像"→"调整"→"色阶"菜单命令（63，1，164），选择"选择"→"色彩范围"菜单命令（选择为高光），按 Delete 键删除背景。按 Ctlr+A 组合键全选，选择"编辑"→"定义图案"菜单命令，如图 4-20 所示。

（7）返回到包装文件，按住 Ctrl 键单击"展开图"图层缩略图，将"展开图"图层作为选区，新建图层并命名为"图案"，选择"编辑"→"填充"菜单命令（填充为图案），设置图层的"不透明度"为"50%"，添加图层样式为"颜色叠加"（颜色为黄色），图层模式为"叠加"，如图 4-21 所示。

（8）打开素材"花 1.jpg""花 2.jpg""花 3.jpg"，选择"魔棒工具"分别将花图背景去除，拖曳到包装文件中，调整素材的大小和位置。新建图层"长矩形渐变"，绘制长矩形并填充白色，添加图层样式"渐变叠加"，设置渐变色，角度为 0，如图 4-22 所示，打开素材"文字底纹 .jpg"，单击"选择"→"色彩范围"取样颜色，按 Delete 键删除背景，将文字底纹拖曳到包装文件中，放置在"长矩形渐变"图层上，调整位置并添加图层蒙版，如图 4-23 所示。

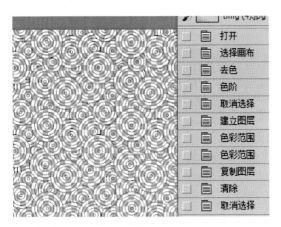

图 4-20　去背景、定义图案

图 4-21　填充图案

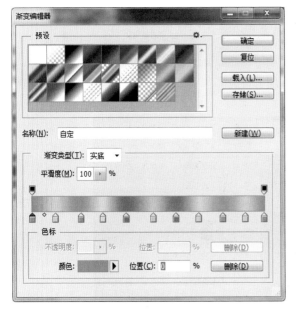

图 4-22　矩形线性渐变

图 4-23　添加素材效果

（9）新建组并命名为"正中圆"，分别完成黄色渐变圆、红色圆、红色圆描边、红色圆内描边、红色圆描边渐变色、古典花纹、黄色渐变填充、嫦娥 8 个图层，如图 4-24 所示。

（10）输入文字"花开富贵"，并排列好位置，字体大小为 120 像素，字体为创艺简行楷，添加图层样式为"渐变叠加"（渐变色为 #e3c763-#f9f4c4-#e3c763-#f9f4c4-#e3c763，角度为 90 度），添加"描边"（大小为 1 像素，颜色为深红色），添加"投影"，最后完善整个包装，如图 4-25 所示。

（11）礼品袋成品尺寸为 32cm×9cm×37cm，绘制出展开图如图 4-26 所示，将月饼包装源文件中的图层复制到礼品袋包装中，调整位置和大小，完成包装袋平面展开效果图如图 4-15 所示，并完成立体效果图如图 4-16 所示。

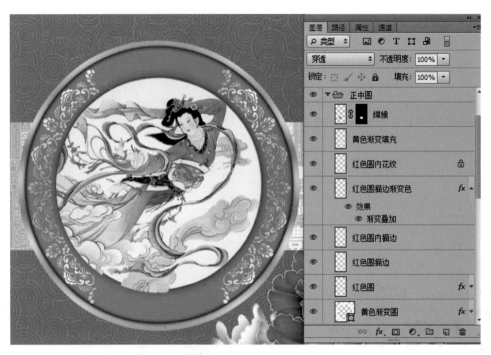

图 4-24　完成正中圆效果

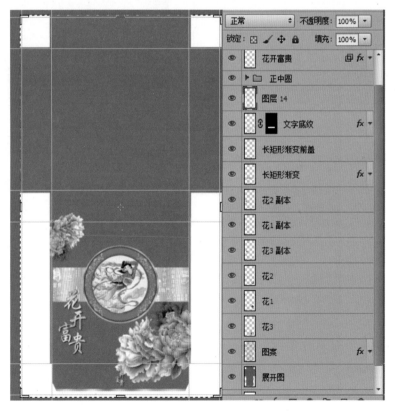

图 4-25　完成月饼礼品包装平面设计

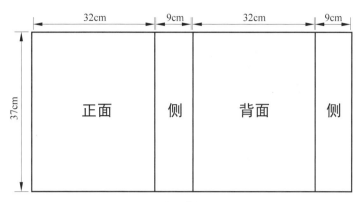

图 4-26　礼品袋包装展开图

4. 印刷要求

（1）月饼礼品盒包装尺寸：宽为 39cm，高为 72cm，分辨率为 300 像素 / 英寸，文件的颜色模式设置为 CMYK 模式，出血尺寸为上、下、左、右各留 5mm。

（2）月饼礼品袋包装尺寸：宽为 82cm，高为 37cm，分辨率为 300 像素 / 英寸，文件的颜色模式设置为 CMYK 模式，出血尺寸为上、下、左、右各留 5mm。

（3）文件保存格式为 JPG、TIF、PSD。

（4）包装礼盒类型为天地盖，材质为硬纸板，厚度为 3mm，光滑材质。

5. 技巧点拨

1）月饼包装设计思路

中秋节是我国的传统节日，它已成为传播中国文化的重要方法和途径。在素材的选择上，可以考虑从传统艺术中提取元素，加以现代创造意识和表现手法。

月饼包装上要体现文化元素。常见的月饼包装运用了代表传统文化的中国红配上金色，可以用月亮、嫦娥、牡丹花、祥云等素材表现中秋文化的吉祥富贵、合家团圆、祈福中秋、乡情故里等。

2）"正中圆"组分解

"正中圆"组包含 8 个图，即黄色渐变圆、红色圆、红色圆描边、红色圆内描边、红色圆描边渐变色、古典花纹、黄色渐变填充、嫦娥，如图 4-27 所示。

（1）黄色渐变圆。

选择"椭圆工具"，工具模式为"形状"，按住 Shift+Alt 组合键，光标定位在中间绘制正圆，在路径属性栏中单击"路径操作"按钮，选择下拉菜单中的"排除重叠形状"命令，如图 4-28 所示，在圆中间位置再绘制一个圆（比第一个圆要小），做出圆环效果并添加图层样式"渐变叠加"（渐变色与"长矩形渐变"颜色相同），如图 4-29 所示。

（2）红色圆。

复制"黄色渐变圆"，命名为"红色圆"，按 Ctrl+T 组合键自由变换，按住 Shift+Alt 组合键拖曳一个顶点将圆缩小，图层模式为"颜色叠加"（颜色为红色），如图 4-30 所示。

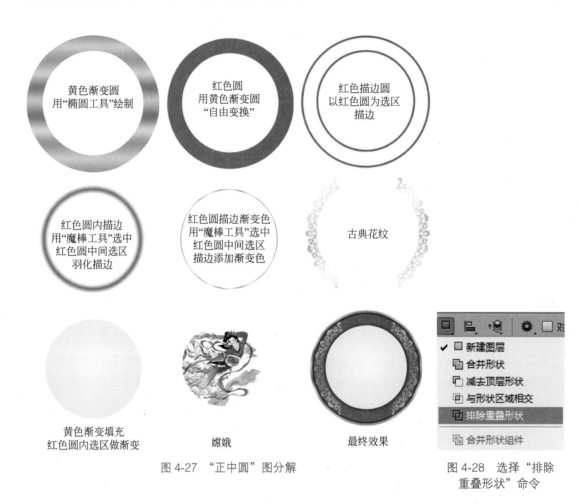

图 4-27　"正中圆"图分解

图 4-28　选择"排除重叠形状"命令

图 4-29　黄色渐变圆

图 4-30　红色圆

（3）红色圆描边。

按住 Ctrl 键单击"红色圆"缩略图，将红色圆转为选区，新建图层并命名为"红色圆描边"，选择"选择"→"修改"→"羽化"菜单命令（"半径"为 5 像素），再选择"编辑"→"描边"菜单命令（"颜色"为黑色，"宽度"为 2 像素，"位置"为"内部"），如图 4-31 所示。

（4）红色圆内描边。

将"红色圆"栅格化，选择"魔棒工具"单击圆内，将圆内作为选区，新建图层并命名为"红色圆内描边"，选择"选择"→"修改"→"羽化"菜单命令（"半径"为 15 像素），再选择"编辑"→"描边"菜单命令（"颜色"为深红色，"宽度"为 3 像素，"位置"为"居外"），如图 4-32 所示。

 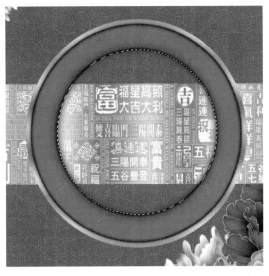

图 4-31　红色圆描边　　　　　　　图 4-32　红色圆内描边

（5）红色圆描边渐变色。

选择"魔棒工具"，单击"红色圆"图层，将圆内作为选区，新建图层并命名为"红色圆描边渐变色"，选择"编辑"→"描边"菜单命令（"宽度"为 5 像素，"位置"为"居中"），添加图层样式为"渐变叠加"（渐变色与"长矩形渐变"颜色相同），如图 4-33 所示。

（6）古典花纹。

打开素材"古典花纹 .jpg"，执行"选择"→"色彩范围"命令，取样并删除背景色，再添加到红色圆位置，将该图层命名为"红色圆内花纹"，如图 4-34 所示。

（7）黄色渐变填充。

选择"魔棒工具"，单击"红色圆"图层，将圆内作为选区，新建图层并命名为"黄色渐变填充"，设置前景色（#fefec6）和背景色（#f8f78c），选择"径向渐变工具"，由内到外拖曳鼠标做渐变，如图 4-35 所示。

（8）嫦娥。

添加素材"嫦娥 .psd"，调整位置，添加图层蒙版，如图 4-36 所示。

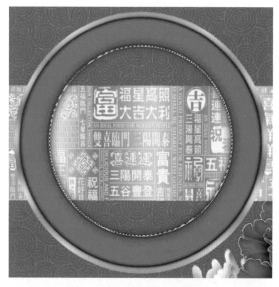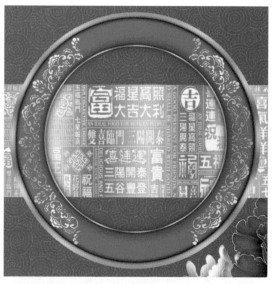

图 4-33　红色圆描边渐变色　　　　　　　　　图 4-34　红色圆内花纹

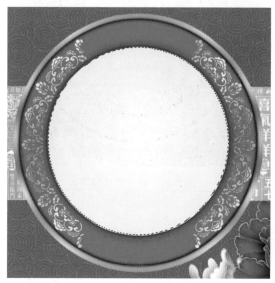

图 4-35　黄色渐变填充　　　　　　　　　　　图 4-36　添加素材

4.2　食品袋（红枣袋）包装设计

本节知识点和技能如下。

（1）Photoshop CS6 中的定义图案、图层模式、图层样式、路径工具的操作方法和技巧。

（2）学会食品袋包装设计方法和技巧。

（3）学会包装袋效果图制作。

1. 任务描述

任务背景： 红枣营养丰富，富含铁元素和维生素，红枣的营养保健作用在远古时期就被人们发现并利用。历来关于红枣的诗句不在少数，如"日食三颗枣，百岁不显老""门前一颗枣，红颜永到老"等都是描述红枣对人们身体有好处的诗句。

任务要求： 红枣包装设计，成品尺寸为 20cm×8.8cm×28cm，重量为 500 克。要求图案、颜色符合食品理念，视觉上要协调，包装两侧尽量做透明，可以将食物很好地展示。包装醒目、大气、精美、高档。

2. 任务效果图

任务效果图如图 4-37 和图 4-38 所示。

图 4-37　红枣袋包装平面展开图效果

图 4-38　红枣袋包装立体效果图

红枣袋包装设计

3. 任务实施

（1）按照所给成品尺寸在草稿纸上或画图程序中绘制出展开图，并给每个面标注尺寸大小，如图 4-39 所示。

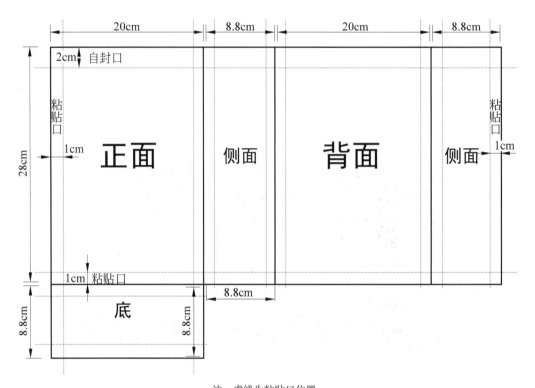

注：虚线为粘贴口位置。
图 4-39 绘制红枣袋包装展开图

（2）启动 Photoshop CS6 软件，选择"文件"→"新建"菜单命令，新建图像文件，宽为 57.6cm，高为 36.8cm，分辨率为"200 像素 / 英寸"。

（3）设置出血位上、下、左、右各扩展 3mm，选择"图像"→"画布大小"菜单命令，定位在中间，宽度为 58.2cm，高度为 37.4cm，背景为黑色。

（4）新建参考线，选择"视图"→"新建参考线"菜单命令，水平参考线分别为 0.3cm、28.3cm、37.1cm，垂直参考线分别为 0.3cm、20.3cm、29.1cm、49.1cm、57.9cm。

（5）选择"矩形选框工具"绘制展开图，填充背景色为黄色（#eed393）。新建组并命名为"底纹"，新建图层并命名为"底边"，绘制长矩形，填充红色（#d50320），添加素材"暗红底 .jpg"，调整大小和位置，新建图层并命名为"背面红底"，绘制矩形并填充红色（#d50320），如图 4-40 所示。

（6）新建组并命名为"正面图案"，分别完成正中红矩形、复古花纹、长矩形渐变、黄色路径描边图层，如图 4-41 所示。

（7）新建组并命名为"左侧面"，绘制左侧面，并复制右侧面，打开"背景底纹 .jpg"素材，选择"去色""色阶"命令将图层变成黑白色，用"色彩范围"命令去掉白色背景，

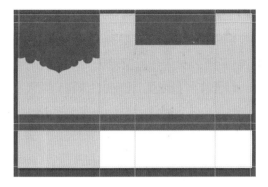

图 4-40　添加参考线、绘制展开图

图 4-41　完成正面图案

如图 4-42 所示，将背景底纹全选，选择"编辑"→"定义图案"菜单命令，返回至红枣包装文件，新建图层，选择"编辑"→"填充"菜单命令（内容为"图案"），图层模式为"叠加"，"不透明度"为 20%，将左侧面和右侧面的灰色图层转为选区，添加图层蒙版，如图 4-43 所示。

图 4-42　调整背景底纹

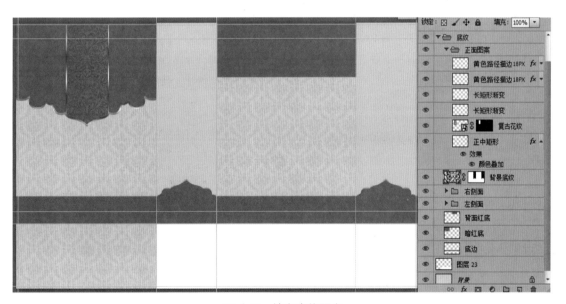

图 4-43　填充底纹图案

（8）输入文字"红枣、特级、净含量：500 克"，字体为迷你汉真广标；输入文字"红枣"，加图层样式为"描边"（颜色为亮黄色）；输入文字"日食三枣、容颜不老"，字体为禹卫书法隶书简体。添加素材"祥云 .jpg""红枣 1.jpg""绿色食品标志 .jpg"，完善包装正面，如图 4-44 所示。

（9）绘制包装背面。绘制矩形并填充灰色，设置不透明度为 70%；绘制矩形并填充粉色，添加文字及素材"生产许可 .jpg"，完善包装背面，如图 4-45 所示。

图 4-44　添加文字和素材

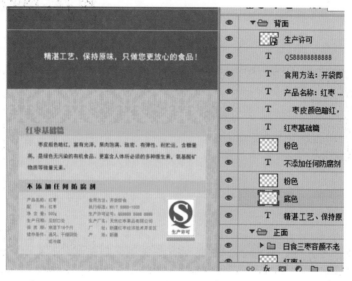

图 4-45　完成包装背面

（10）新建图像文件，文件大小为 1900 像素 ×1400 像素，分别复制已完成的包装展开图中的正面、侧面和背面，添加素材"红枣 2.jpg"，选择"自由变换工具"调整大小和位置，完成包装效果图制作，如图 4-46 所示。

4.印刷要求

（1）红枣包装尺寸：宽为 57.6cm，高为 36.8cm，分辨率为 300 像素 / 英寸，文件的颜色模式设置为 CMYK 模式，出血尺寸：上、下、左、右各留 3mm。

（2）文件保存格式为 JPG、TIF、PSD。

（3）包装两侧灰色透明部分为透明镂空可视窗，三维立体自封袋，密封性好，防潮，食品级 BOPP/ 铝 /PE，三层复合，双面 20 丝加厚。

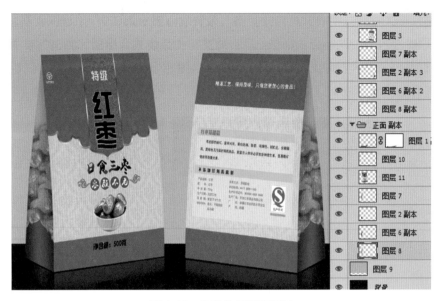

图 4-46　包装效果图和图层

5. 技巧点拨

1）正面图案详解

"正面图案"组分为暗红底、正中红矩形、复古花纹、长矩形渐变、黄色路径描边图层，如图 4-47 所示。

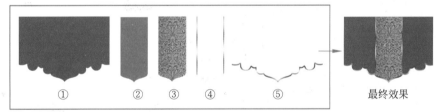

①暗红底　②正中红矩形　③复古花纹　④长矩形渐变　⑤黄色路径描边

图 4-47　正面图案分解

（1）正中红矩形。

新建图层并命名为"正中红矩形"，在包装正面正中间，选择"矩形选框工具"绘制长矩形，填充亮红色（#fd0326），按住 Ctrl 键单击"暗红色"图层转换为选区，再按 Ctrl+Shift+I 组合键反向选择，按 Delete 键删除多余部分，如图 4-48 所示。

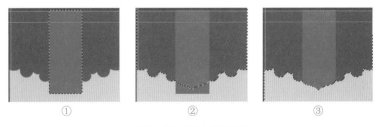

图 4-48　正中红矩形

（2）复古花纹。

添加素材"复古花纹.jpg"，调整位置，将"正中红矩形"图层转换为选区，选择"图层"→"图层蒙版"→"显示选区"菜单命令，将复古花纹的图层模式改为"正片叠底"，图层"不透明度"为"50%"，如图4-49所示。

图 4-49　添加复古花纹

（3）长矩形渐变。

选择"矩形选框工具"绘制长矩形，选择"线性渐变"调整渐变颜色，从上至下做渐变效果，如图4-50所示。

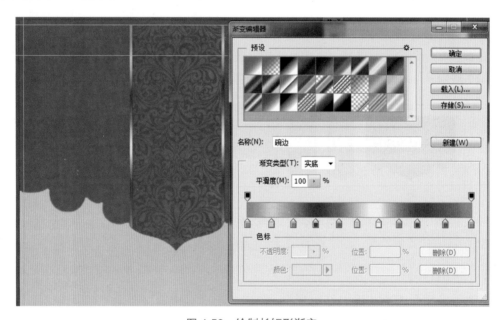

图 4-50　绘制长矩形渐变

（4）黄色路径描边。

选择"钢笔工具"，工具模式为"路径"，沿着"暗红底"图层的线条绘制路径，设置画笔笔头为硬画笔，18像素；新建图层，在"路径"面板中右击"描边路径"，添加图层样式为"渐变叠加"（绘制路径技巧：可先绘制一半路径描边后，再复制另一半，保持两边路径对称），如图4-51所示。

2）左侧面详解

"侧面组"分为灰色矩形、暗红底、黄色路径描边图层。

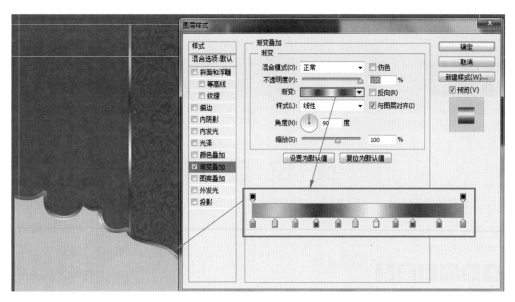

图 4-51 绘制黄色路径并描边

选择"矩形工具"绘制灰色矩形,复制组"底纹"中的"暗红底"和"黄色路径描边"图层,自由变换调整位置并删除多余部分,完成包装侧面,如图 4-52 所示。

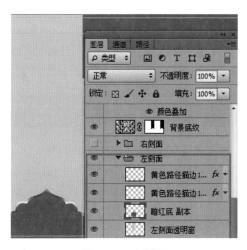

图 4-52 左侧面

第5章

岗 位 应 用

本章学习要点

- 掌握名片、胸卡、贺卡、邀请函的设计方法和技巧。
- 掌握展开图的计算。
- 掌握不规则形状的设计。

5.1 珠宝公司名片设计

本节知识点和技能如下。

（1）学会简单的名片制作。

（2）学会名片设计常见的几种基本设计思路。

名片在设计上讲究艺术性，但它不像其他艺术作品那样具有很高的审美价值，旨在传达个人信息和个人形象。名片最主要的内容是名片持有者的姓名、职业、工作单位、联络方式（地址、电话、E-mail、微信、QQ）等，通过这些内容，把名片持有人的个人或公司信息标注清楚，并以此为媒体向外传播。

名片设计的基本要求应强调 3 个字，即简、功、易。简：名片传递的主要信息要简明清楚，构图完整明确；功：注意质量、功效，尽可能使传递的信息明确；易：便于记忆，易于识别。

1. 任务描述

任务背景：广东天工坊珠宝发展有限公司是一家专业玉石加工和专营销售天然玉石的公司。

任务要求：要求设计名片，成品尺寸为 90mm×54mm。设计要求符合行业特性，高档、大气、新颖独特、构思巧妙、可识别性强。

2. 任务效果图

任务效果图如图 5-1 和图 5-2 所示。

图 5-1　名片正面效果图

图 5-2　名片背面效果图

3. 任务实施

（1）启动 Photoshop CS6 软件，选择"文件"→"新建"菜单命令，新建图像文件，宽为 90mm，高为 54mm，分辨率为 300 像素 / 英寸。背景填充为白色，添加"线性渐变"（黄 - 浅黄 - 黄 - 浅黄 - 黄），角度为 0 度，如图 5-3 所示。

（2）添加素材"底纹 .jpg"，图层模式为"正片叠底"，新建图层并命名为"红矩形"，绘制长矩形，设置前景色为亮红色，背景色为暗红色，选择"渐变工具"→"径向渐变"，设置为"前景色到背景色渐变"，从左上角到右下角拖曳，如图 5-4 所示。

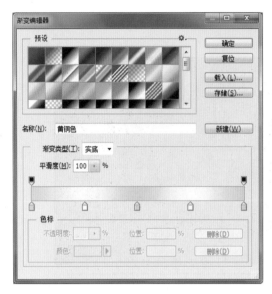

珠宝公司名片设计

图 5-3　背景渐变颜色设置　　　　　　　　　图 5-4　添加背景素材后效果

（3）在红色矩形上方绘制长矩形并填充为白色，添加图层样式"线性渐变"，设置渐变颜色（黄 - 浅黄 - 黄 - 浅黄 - 黄 - 浅黄），添加图层样式为"投影"并复制图层置于红色矩形的下方。添加素材 LOGO.JPG，添加图层样式为"颜色叠加"（颜色为黄色），添加"投影"，最后添加文字，完成名片正面制作，如图 5-5 所示。

图 5-5　正面效果和图层

（4）新建组并命名为"背景"，在组里面新建图层，完成名片背面制作，如图 5-6 所示。

4. 印刷要求

（1）名片尺寸：宽为 90mm，高为 54mm，分辨率为 300~350 像素 / 英寸，出血位上、下、左、右各留 2mm，文件的颜色模式设置为 CMYK 模式。

（2）阅读性文字距裁边位置最少 5mm 以上。

（3）文件保存格式为 JPG、PNG、PDF。

图 5-6　名片背景效果和图层

（4）二维码图片尺寸须大于等于 2cm×2cm，且分辨率不小于 300 像素／英寸（注：图片尺寸过小、过密或者分辨率不足，都可能导致印刷后的二维码无法正常扫描）。

（5）使用 300 克铜版纸，双面覆光膜，可提升颜色亮度和名片档次。它的特点是防水耐磨，保护色彩等。

5. 技巧点拨

名片设计在日常生活中较常使用，这里分析几种常见的设计思路。

1）极简风格

在基础版版式上，采用左右结构，将公司的标志和基本信息一目了然地展示，这也是采用最多的一种名片款式。但这种极简风格的名片纸张一定要选择质感好的，这样才能提高档次，如图 5-7 所示。

2）点缀风格

在极简风格上稍作点缀是提升名片设计感最简单的方法，以下分析几种点缀风格。

（1）增加色块点缀。

色块的选取一般是要与标志 VI 的色值相同，除了能增加整体效果感外，还能加深客户对品牌的记忆，如图 5-8 所示。

图 5-7　极简风格

图 5-8　增加色块点缀

（2）公司标志艺术处理作为点缀。

这里采用的方法是提取关键元素，利用灰度或降低明亮度的方法作为名片底纹，如图 5-9 所示。

（3）花纹点缀。

现代风可以用动感、科技感、现代感的花纹，传统、中国风可以用复古花纹等，如图 5-10 所示。

图 5-9　将标志艺术处理点缀　　　　　　图 5-10　花纹点缀

3）用大色块分隔结构

大色块与留白能够形成鲜明的对比，信息展示效果好，同时显得简洁利落，也有一种气派的感觉。一般色块是直接用公司标志规定的颜色，如图 5-11 所示。

图 5-11　大色块分隔结构

除了以上常见的基本设计思路外，还有其他设计思路。例如，添加行业图案装饰，可以使用图案装饰名片，让名片更有个性化；还可以在极简版式上，给文字信息做一些变化。

5.2　舞蹈协会胸卡设计

本节知识点和技能如下。

（1）Photoshop CS6 中的画笔设置、路径描边、晶格化滤镜的操作方法和技巧。

（2）学会胸卡的设计方法和技巧。

1. 任务描述

任务背景：学校舞蹈协会需要制作协会胸卡，分发给每个会员，以提高协会的文化精神。

任务要求：为舞蹈协会设计一张胸卡。胸卡尺寸为 70mm×105mm，A7 竖向证件外套尺寸为 80mm×120mm，要求设计有创意，画面具有美感，体现舞蹈的热情、活跃。

2. 任务效果图

任务效果图如图 5-12 和图 5-13 所示。

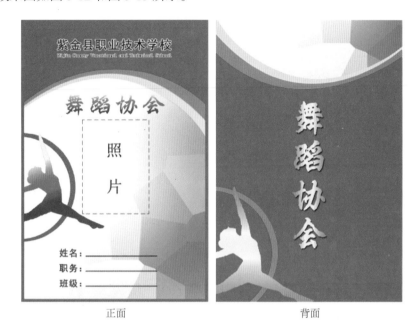

图 5-12　舞蹈协会胸卡正背面效果图

图 5-13　舞蹈协会胸卡装入封套效果图

舞蹈协会胸卡设计

3. 任务实施

（1）启动 Photoshop CS6 软件，选择"文件"→"新建"菜单命令，新建图像文件，宽为 70mm，高为 105mm，分辨率为 300 像素 / 英寸。

（2）新建图层并命名为"底色"，选择"画笔工具"涂抹，颜色分别为"蓝、绿、红、黄"。选择"滤镜"→"模糊"→"高斯模糊"菜单命令，半径为 106 像素，如图 5-14 所示，选择"滤镜"→"像素化"→"晶格化"菜单命令，大小为 266 像素，如图 5-15 所示。

图 5-14 画笔涂抹效果　　　　　　图 5-15 滤镜效果

（3）新建图层，选择"钢笔工具"，工具模式为"形状"，绘制路径，颜色分别为"红、蓝、黄"，如图 5-16 所示。

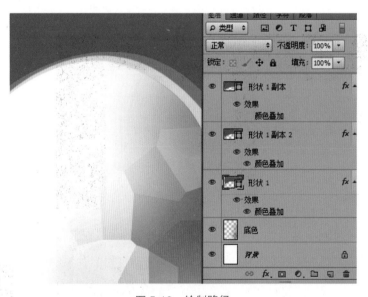

图 5-16 绘制路径

（4）新建图层，画圆并添加素材"人物 .jpg"，将人物素材转为选区，添加"线性渐变"渐变色（蓝、红、黄渐变），如图 5-17 所示。

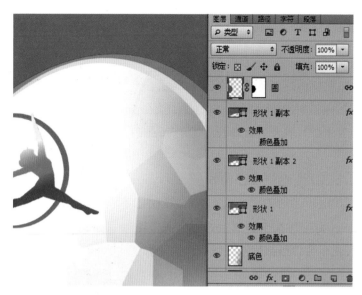

图 5-17 添加"人物"素材

（5）选择"矩形选框工具"，样式为"固定大小"，宽度为 25mm，高度为 35mm，画出矩形选框并转为路径，选择"画笔工具"，大小为 2 像素，硬度为 100%，设置画笔面板（双重画笔，"大小"为 18 像素，"间距"为 170%，"数量"为 16），如图 5-18 所示；在路径面板中描边路径，做出虚线边框，如图 5-19 所示。

图 5-18 画笔面板设置

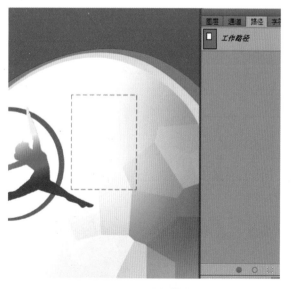

图 5-19 路径描边

（6）添加文字和直线，新建图层并命名为"外边框"，按 Ctrl+A 组合键全选，选择"编辑"→"描边"菜单命令（描边为 12 像素，颜色为红色，位置为"内部"），如图 5-20 所示。

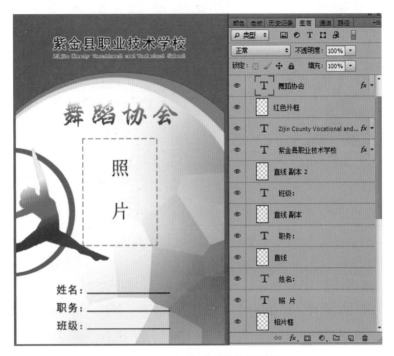

图 5-20　正面完成后效果和图层

（7）新建组并命名为"协会背面"，将图层"底色""路径""人物"和"圆"各复制一份，拖曳到"协会背面"组中，稍作调整，完成协会背面制作，如图 5-21 所示。

图 5-21　反面完成后效果和图层

4. 印刷要求

（1）舞蹈协会胸卡尺寸：宽为 70mm，高为 105mm，分辨率在 300 像素 / 英寸以上，可设置四边各出血 3~5mm。

（2）文件保存格式为 PSD（不要合并图层）。

（3）胸卡牌常见形状：长方形、方形。

（4）胸卡牌常用材质：不锈钢、亚克力、铜质、钛金、沙金、沙银、双色板、铝塑、PVC 与塑料、雕刻、喷绘。长期使用的胸卡材质可以选 PVC 材质，覆亮膜或磨砂膜，并在胸卡的上方打长孔 15mm 或两边打孔 5mm。

本案例中的舞蹈协会胸卡因使用时间短，要求成本较低，因此使用 300 克铜版纸，双面彩印，配上胶套和挂绳即可。

5. 技巧点拨

1）设置双重画笔

在 Photoshop CS6 的工具箱中单击"画笔工具"按钮 ，在"画笔工具"属性栏中单击"画笔面板"按钮 ，勾选"双重画笔"复选框，设置画笔"大小""间距""散布""数量"，如图 5-22 所示。

"间距"：每两个圆点的圆心距离，间距越大圆点之间的距离也越大。

"数量"：在每个间隔间距应用的笔迹数量，数值越大，笔迹重复的数量越多。

2）高斯模糊

高斯模糊的原理是根据高斯曲线调节像素色值，它是有选择地模糊图像。半径取值越大，模糊效果越强烈。

操作方法：选择"滤镜"→"模糊"→"高斯模糊"菜单命令，在弹出的对话框中设置"半径"数值，如图 5-23 所示。

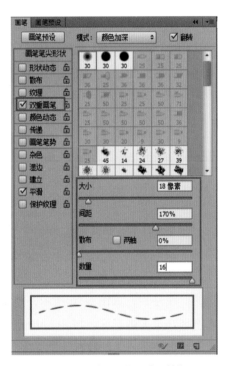

图 5-22　设置"双重画笔"

3）晶格化

晶格化可以使相近有色像素结为纯色多边形，是通过设置"单元格大小"参数来决定晶块的大小。

操作方法：选择"滤镜"→"像素化"→"晶格化"菜单命令，在弹出的对话框中设置"单元格大小"，如图 5-24 所示。

4）绘制固定大小矩形框技巧

绘制固定大小矩形框可以选择"矩形选框工具"或者"矩形工具"两种方法。

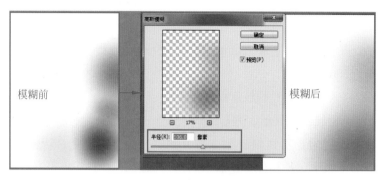

图 5-23　高斯模糊滤镜

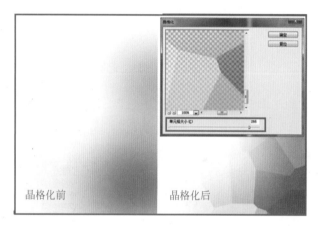

图 5-24　晶格化滤镜

（1）矩形选框工具。

在 Photoshop CS6 的工具箱中选择"矩形选框工具" ，
如图 5-25 所示。

选择"矩形选框工具"，在窗口的上方出现"矩形选框
工具"属性栏，如图 5-26 所示，用鼠标在图像中拖动创建矩
形选区和正方形选区。按住 Shift 键，在图像中按住鼠标左键
拖曳绘出一个正方形选区。

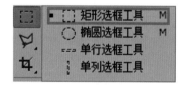

图 5-25　矩形选框工具

图 5-26　"矩形选框工具"属性栏

在属性栏左边显示有针对新、旧选区的 4 种模式，分别为新选区、添加到选区、从选区
减去、与选区交叉。4 种模式分别定义如下。

"新选区"：画出选区的过程中，旧选区总会消失，只保留新选区。

"添加到选区"：在旧选区的基础上添加新选区。

"从选区减去"：从旧选区中减去新选区。

"与选区交叉"：新、旧选区交叉重合部分被保留。

在属性栏中，样式分为 3 种，分别是正常、固定比例、固定大小。

"正常"：不限制可以随意画出不同大小、比列的选区。

"固定比例"：每拉出选区的宽度和高度都是等同的。

"固定大小"：可以设置固定的宽度和高度。

案例中绘制选框的操作方法：设置"矩形选框工具"样式为"固定大小"，"宽度"为 2.5cm，"高度"为 3.5cm；单击即可绘制出固定大小的选区，如图 5-27 所示。

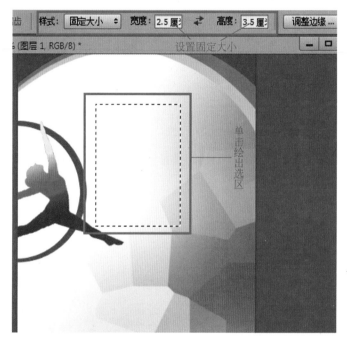

图 5-27　设置固定大小的绘制选区

（2）矩形工具。

在 Photoshop CS6 工具箱中，选择"矩形工具" ，如图 5-28 所示。

选择"矩形工具"，在窗口的上方出现"矩形工具"属性栏，如图 5-29 所示。

图 5-28　矩形工具

图 5-29　"矩形工具"属性栏

选择工具模式为"路径"，在画布上单击，弹出"创建矩形"对话框，设置"宽度"为 "2.5 厘米"，"高度"为"3.5 厘米"，如图 5-30 所示。

5）路径描边

注：在对路径描边前，首先要对画笔进行设置，如图 5-22 所示的设置。

"路径描边"的操作方法可以分为 3 种。

（1）在"路径"面板中单击"画笔描边路径"按钮，如图 5-31 所示。

图 5-30　"创建矩形"对话框　　　　　图 5-31　画笔描边路径

（2）在"路径"面板的工作路径中右击，选择快捷菜单中的"描边路径"命令，如图 5-32 所示。

（3）选择"钢笔工具"，在画布中右击，选择快捷菜单中的"描边路径"命令，如图 5-33 所示。

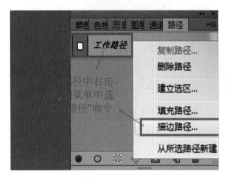

图 5-32　在工作路径中右击选择"描边路径"命令　　　图 5-33　在画布中右击选择"描边路径"命令

6）图层样式

图层样式是 Photoshop 中制作图片效果的重要手段之一。图层样式的功能强大，能够简单、快捷地制作出各种立体投影、各种质感以及光影效果的图像特效，图层样式具有制作效率高、效果更精确、可编辑性更强等优势。

图层样式是应用于图层或图层组的一种或多种效果，操作方法有多种。

（1）选中当前图层，选择菜单中的"图层"→"图层样式"命令，如图 5-34 所示。

（2）在当前图层右击，在弹出的快捷菜单中选择"混合选项"命令，如图 5-35 所示。

（3）直接在当前图层右侧双击。

通过以上 3 种方法打开"图层样式"对话框后，可以在对话框中选择需要的样式，并对样式的各个参数进行调整。

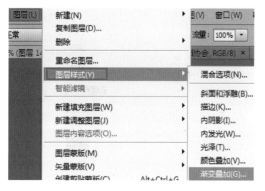 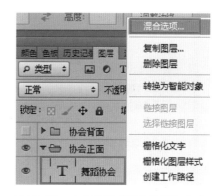

图 5-34　"图层样式"菜单　　　　　图 5-35　右击选择"混合选项"命令

"渐变叠加"：比较常用的选项。可以设置渐变的类型，包括线性、径向、对称、角度和菱形，如图 5-36 所示。

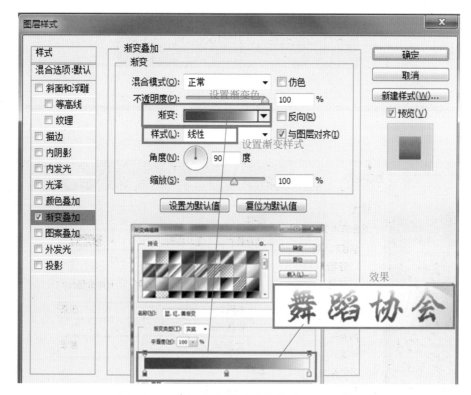

图 5-36　渐变叠加样式

"描边"：给物体添加边缘，可改变描边的大小，填充类型有渐变、颜色、图案，如图 5-37 所示。

"投影"：在层的下方会出现一个轮廓和层的内容相同的"影子"，这个影子有一定的偏移量，默认情况下会向右下角偏移，如图 5-38 所示。

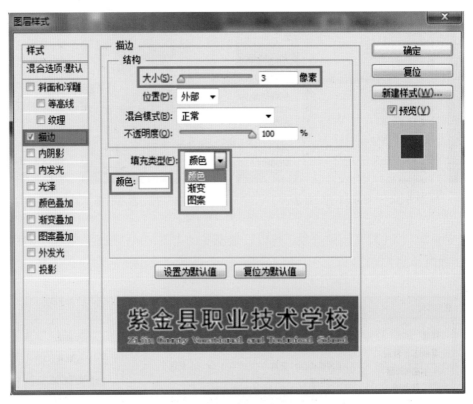

图 5-37 "描边"样式

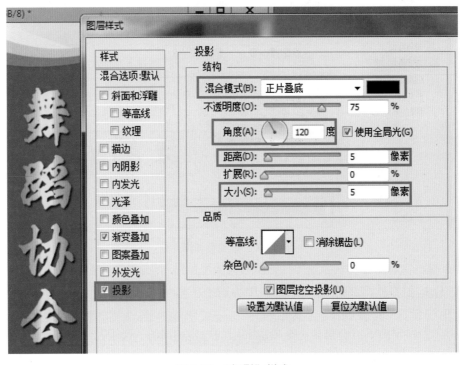

图 5-38 "投影"样式

5.3　中秋节贺卡设计

本节知识点和技能如下。

（1）Photoshop CS6 中路径形状工具、云彩滤镜的使用。

（2）学会贺卡展开图的绘制。

（3）学会贺卡的设计技巧。

贺卡是人们在遇到喜庆的日期或事件时互相表示问候的一种卡片，人们通常赠送贺卡的日子包括生日、中秋、圣诞、元旦、春节、母亲节、父亲节、情人节等。贺卡上一般会有一些祝福的话语。

1. 任务描述

任务背景：中秋节是传统佳节，通过这个传统佳节来传达祝福。

任务要求：中秋贺卡设计，成品尺寸折后为 212mm×142mm。要求使用传统元素，颜色鲜艳、具有传统文化，贺卡整体形状有创意、美观、大气，具有文化气息，让人赏心悦目、爱不释手。

2. 任务效果图

任务效果图如图 5-39 所示。

3. 任务实施

（1）贺卡成品尺寸为 212mm×142mm，画出展开图，贺卡分为外页和内页，外页贺卡又分为外正面背面和内正面。启动 Photoshop CS6 软件，选择“文件”→“新建”菜单命令，新建图像文件，宽为 212mm，高为 426mm，分辨率为 200 像素 / 英寸，背景色为黑色。

（2）设置出血位上、下、左、右各扩展 2mm，选择“图像”→“画布大小”菜单命令，定位在中间，宽度为 216mm，高度为 430mm，背景为黑色。

（3）新建参考线，选择“视图”→“新建参考线”菜单命令，水平参考线分别为 2mm、144mm、286mm、408mm、428mm，垂直参考线分别为 2mm、214mm，如图 5-40 所示。

（4）新建图层并命名为“红底”，绘制矩形并填充为红色，新建组并命名为“外正面”，选择“钢笔工具”，模式为“形状”，绘制形状路径，复制两个形状路径图层，其中一个图层添加图层样式为“渐变叠加”，调整位置，如图 5-41 和图 5-42 所示。

（5）在“外正面”组中新建组并命名为“吉祥图”，绘制形状路径，添加图层样式为“渐变叠加”。打开素材“底纹 .jpg”，去色，删除背景，定义图案，返回贺卡文件，新建图层并填充图案，添加图层蒙版，图层模式为“叠加”，“不透明度”为 50%，新建组“彩云追月”，添加素材“祥云 .jpg”，输入文字“彩云追月、情满中秋”，字体为禹卫书法行书繁体，其中“云”字体为禹卫书法行书简体，新建组命名为“背面文字”，输入文字“浓情”，字体为禹卫书法行书繁体，添加素材“文字”，添加祥云，给组添加图层样式“颜色叠加”，如图 5-43 所示，再将组进行水平、垂直翻转，完成吉祥图效果，如图 5-44 所示。

图 5-39　中秋贺卡效果图

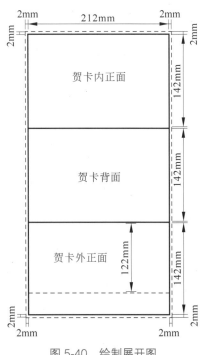

图 5-40　绘制展开图

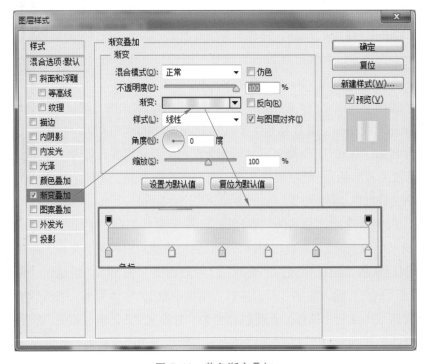

图 5-41　黄色渐变叠加

中秋节贺卡设计

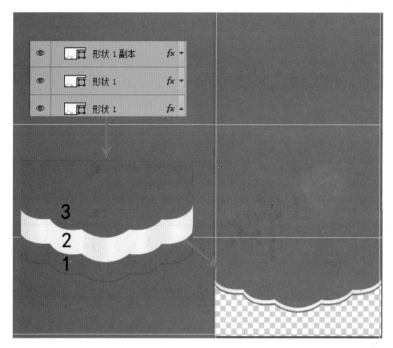

图 5-42 绘制外正面形状

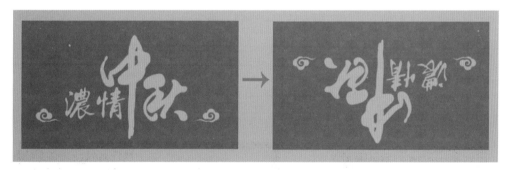

图 5-43 文字水平、垂直翻转

图 5-44 绘制正面"吉祥图"

（6）新建组"内正面"，新建图层并命名为"月亮"，填充黄色，设置前景色为黄色，背景色为白色，新建图层，选择"滤镜"→"渲染"→"云彩"菜单命令，选择"画笔工具"进行涂抹，完成月亮的制作。输入文字"快乐"，字体为中山行书，输入文字"恭贺"，字体为隶书，添加素材"文字.jpg""祥云.jpg"，添加素材"花1.jpg""花2.jpg"，完成内正面的制作，如图5-45所示。

图 5-45　绘制月亮

（7）选择"文件"→"保存"菜单命令，将整个文件保存为"中秋贺卡外页"。

（8）选择"文件"→"另存为"菜单命令，将"中秋贺卡外页"文件另存为"中秋贺卡内页"文件，选择"图像"→"图像旋转"→"垂直旋转画布"菜单命令（这样做参考线可以不必再重新绘制），如图5-46所示。

（9）对需要用到的文字、图片（彩云追月组、背面文字组、内正面组）执行"自由变换"→"垂直翻转"命令，调整好位置，更改吉祥图案图层样式为"渐变叠加"，打开素材"文字.txt"，将文字排列好，完成内页制作，如图5-47所示。

图 5-46　旋转画布

图 5-47　完成内页制作

4. 印刷要求

（1）贺卡尺寸：宽为 212mm，高为 426mm，分辨率为 300~350 像素 / 英寸，出血位上、下、左、右各留 2mm，文件的颜色模式设置为 CMYK 模式。

（2）贺卡对折，折后尺寸大小为 212mm×142mm。

（3）文件保存格式为 JPG、PNG、PDF。

（4）使用 300 克铜版纸，纸面光洁平整，平滑度高，光泽度好。

5. 技巧点拨

1）贺卡外正面路径形状绘制技巧

贺卡外正面是一个路径形状，在绘制时需要较精确地对齐两边形状，因此通过建立参考线的方式，再使用路径工作绘制。

（1）计算尺寸，建立参考线

贺卡总宽度为 21.6cm，在绘制形状路径的位置上将宽分为五部分，得出垂直参考线分别为 37mm、77mm、139mm、179mm，水平参考线分别为 347mm、358mm、371mm、381mm，如图 5-48 所示。

（2）沿着参考线用"钢笔工具"绘制形状路径，并选择"直接选择工具""转换点工具"调整路径，如图 5-49 所示。

图 5-48　绘制参考线

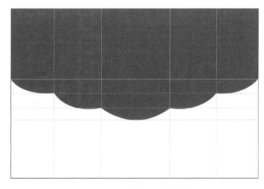

图 5-49　绘制形状路径

2）贺卡"吉祥图"绘制详解

贺卡"吉祥图"形状用"路径工具"绘制，其操作步骤如下。

（1）选择"钢笔工具"，工具模式为"形状"，绘出吉祥图的一边形状。先绘制出开放路径，如图 5-50 ①所示，新建图层，描边 65 像素，如图 5-50 ②所示，再沿着描边图层绘制形状路径，如图 5-50 ③所示。

（2）复制形状图层并自由变换水平翻转，如图 5-51 ①所示，将左、右两边形状合并为"吉祥图黄色"，如图 5-51 ②所示，添加图层样式为"渐变叠加"，如图 5-51 ③所示。

（3）复制"吉祥图黄色"并命名为"吉祥红色填充"，调整路径，填充红色，如图 5-51 ④所示；复制"吉祥图黄色"并命名为"吉祥红色"，调整路径，如图 5-51 ⑤所示。

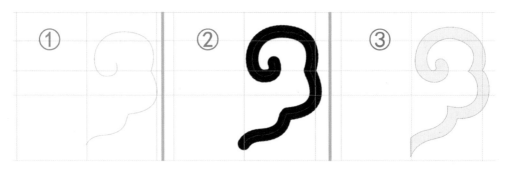

图 5-50　祥云图形状绘制

图 5-51　吉祥图绘制过程

3）"月亮"图案详解

新建图层，填充黄色，再新建图层，选择"滤镜"→"渲染"→"云彩"菜单命令（前景色为黄色，背景色为白色），并新建图层，用画笔涂抹白色，完成月亮图案的制作，如图 5-52 所示。

图 5-52　月亮图

5.4　珠宝博览会邀请函设计

本节知识点和技能如下。

（1）Photoshop CS6 中图层样式的使用技巧。

（2）学会形状结合的技巧。

（3）学会邀请函设计的技巧。

邀请函的用途非常广泛，生日聚会、结婚典礼、节日庆典、会议等都需要使用。精美的邀请函能吸引对方的眼球，从而产生良好的效果。

1. 任务描述

任务背景：庙子石珠宝，呈宝石光或油脂光泽，水头足。其玉质最大的特点就是质地光泽如凝练的油脂，自古就有"羊脂玉"之别称。

任务要求：珠宝博览会邀请函设计，成品折后尺寸为 140mm × 210mm。要求设计富有独特创意，颜色以红色为主，喜庆、高贵、大方、美观、醒目，突出主题，让人印象深刻。

2. 任务效果图

任务效果图如图 5-53 所示。

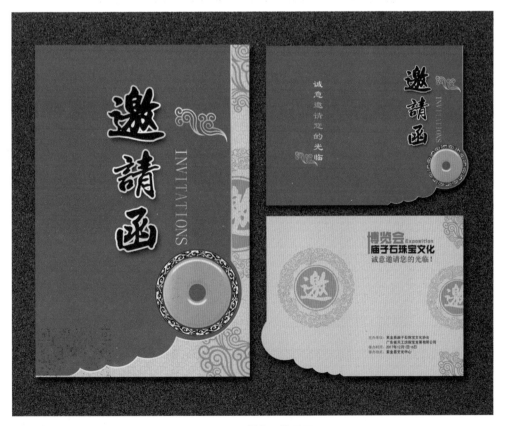

图 5-53　邀请函效果图

3. 任务实施

（1）邀请函成品大小为 140mm×210mm，画出展开图的尺寸为 280mm×210mm。

（2）启动 Photoshop CS6 软件，选择"文件"→"新建"菜单命令，新建图像文件，宽为 280mm，高为 210mm，分辨率为 300 像素／英寸，背景色为黑色，设置出血位上、下、左、右各扩展 2mm，画布大小为 284mm×214mm。

（3）新建参考线，水平参考线分别为 2mm、212mm；垂直参考线分别为 2mm、142mm、282mm。

（4）新建图层并命名为"红色底"，填充红色，新建图层并命名为"圆"，画圆并复制多个圆，如图 5-54 所示。

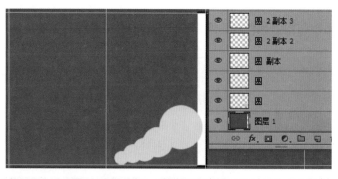

图 5-54　背景形状制作

（5）选择"多边形套索工具"，当前在"红色底"图层，将黄色圆的右下角部分删除，合并"红色底"和"圆"图层并填充红色，打开素材"底纹 .jpg"，定义图案，新建图层并命名为"底纹"，填充图案，图层模式为"正片叠底"，调整"亮度／对比度"（亮度为 −68），如图 5-55 所示。

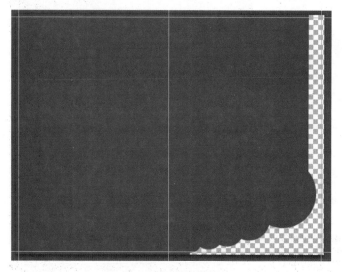

图 5-55　完成背景　　　　　　　　　　　珠宝博览会邀请函设计

（6）添加素材"古典边框 .jpg"，打开素材"玉石 .jpg"，选择"椭圆选框工具"画正圆，复制玉石，添加图层样式为"斜面浮雕"（深度为 72，大小为 20，软化为 5，角度为 90 度，高度为 30 度），"光泽等高线"（内凹 - 深，阴影模式为颜色加深，黑色，不透明度为 37%，等高线为自定义），如图 5-56 所示。

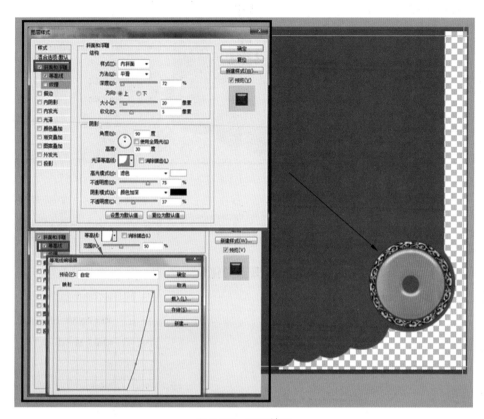

图 5-56　玉石效果

（7）输入文字"邀请函"，字体为中山行书，字体颜色为黑色，其中，"邀"字体大小为 120 点，"请函"字体大小为 98 点，添加图层样式为"描边"（填充类型为渐变，载入金属渐变，选择黄铜色，样式为线性，角度为 146 度），"投影"（距离为 24，大小为 32）。输入文字"INVITATIONS、诚意邀请您的光临"，字体为隶书。添加素材"祥云 .jpg"。返回"红色底"图层，将图层转为选区，描边（宽度为 8 像素，位置为"居外"），添加图层样式"渐变叠加"（渐变色为 #f5f2c5-#ceb484-#f5f2c5），如图 5-57 所示。

（8）选择"文件"→"保存"菜单命令，将文件保存为"邀请函外页"。

（9）选择"文件"→"另存为"菜单命令，将文件另存为"邀请函内页"，选择"图像"→"图像旋转"→"垂直旋转画布"菜单命令，将不需要的图层删除，背景色修改为浅黄色。新建组并命名为"邀"，添加素材"花纹 .jpg"，去除背景后拖曳到内页，画圆，输入文字"邀"。输入文字"博览会、庙子石珠宝文化、Exposition"，字体为锐字锐线怒放黑简，再添加其他文字，完成内页制作，如图 5-58 所示。

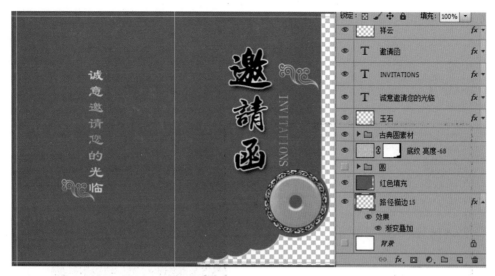

图 5-57　邀请函外页

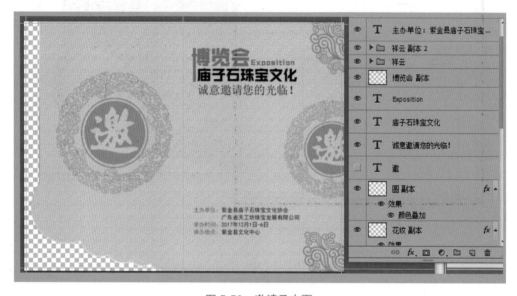

图 5-58　邀请函内页

4. 印刷要求

（1）邀请函展开尺寸：宽为 280mm，高为 210mm，分辨率为 300~350 像素 / 英寸，出血位上、下、左、右各留 2mm，文件的颜色模式设置为 CMYK 模式。

（2）邀请函对折，折后大小为 140mm×210mm。

（3）文件保存格式为 JPG、PNG、PDF 格式。

（4）使用 300 克铜版纸印刷，双面覆哑膜。

5. 技巧点拨

邀请函内页"邀"字详解。

打开素材"花纹 .jpg"，双击背景图层转为普通图层，选择"选择"→"色彩范围"菜单命令（选择为阴影），按 Delete 键删除背景，拖曳到内页文件中，调整大小，在花纹内绘制橙色圆并与"花纹"图层合并命名为"花纹圆"，添加图层样式"颜色叠加"（颜色为橙色），输入文字"邀"，字体为中山行书，字号为 138 点，将文字转为选区，返回"花纹圆"图层中删除，如图 5-59 所示。

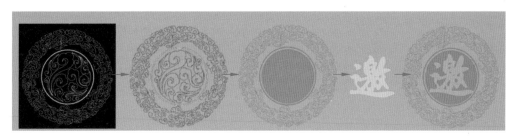

图 5-59　花纹"邀"字

参 考 文 献

[1] 黄军建，吴倩 . Photoshop 图像处理项目教程 [M]. 北京：清华大学出版社，2013.

[2] 王斌 . 图形图像处理案例教程 Photoshop CS5[M]. 郑州：大象出版社，2016.

[3] 崔晶，沈强 . Photoshop 图像处理项目教程 [M]. 北京：清华大学出版社，2016.

设计印刷常用尺寸、印刷常用纸张开法

1. 印刷常用尺寸

（1）宣传页、彩页标准尺寸：（A4）210mm×285mm。

（2）三折页广告标准尺寸：（A4）210mm×285mm。

（3）宣传画册尺寸：（A4）210mm×285mm。

（4）一般画册的尺寸如下。

大全张	1000mm×1400mm	大度	正度
小全张	890mm×1260mm		
大对开	720mm×1020mm		
全开		889mm×1193mm，870 mm×1100 mm	787mm×1092mm
对开		584mm×863mm	520mm×760mm
3开		384mm×863mm	358mm×760mm
丁三开		443mm×745mm	390mm×700mm
4开		430mm×584mm	380mm×520mm
6开		380mm×430mm	350mm×380mm
8开		285mm×430mm	260mm×380mm
12开		275mm×290mm	250mm×260mm
16开		210mm×285mm	185mm×260mm
24开		180mm×205mm	170mm×180mm
32开		136mm×210mm	127mm×184mm
36开		130mm×180mm	115mm×170mm
48开		95mm×180mm	85mm×260mm
64开		98mm×136mm	85mm×125mm

（5）封套标准尺寸：220mm×305mm。

（6）招贴画标准尺寸：540mm×380mm。

（7）海报的标准尺寸有 13cm×18cm，19cm×25cm，42cm×57cm，50cm×70cm，60cm×90cm，70cm×100cm。其中，最常见的海报尺寸是 42cm×57cm，50cm×70cm。特别常见

的是 50cm×70cm。

（8）吊旗、挂旗标准尺寸：8 开 376mm×265mm；4 开 540mm×380mm。

（9）手提袋标准尺寸：400mm×285mm×80mm。

（10）信纸、便条标准尺寸：185mm×260mm，210mm×285mm。

（11）信封标准尺寸：小号 220mm×110mm，中号 230mm×158mm，大号 320mm×228mm；D1 220mm×110mm；C6 114mm×162mm。

（12）桌旗标准尺寸：210mm×140mm（与桌面成 75° 夹角）。

（13）竖旗标准尺寸：750mm×1500mm。

（14）大企业司旗标准尺寸：1440mm×960mm，960mm×640mm（中小型）。

（15）胸牌标准尺寸：大号 110mm×80mm，小号 20mm×20mm（滴朔徽章）。

（16）名片标准尺寸：横版 90mm×54mm（最常用），90mm×55mm（方角），85mm×54mm（圆角）；竖版 50mm×90mm（方角），54mm×85mm（圆角）；方版 90mm×90mm，95mm×95mm。

（17）IC 卡标准尺寸：85mm×54mm。

2. 印刷纸张开度

正度纸张：787mm×1092mm。

开数（正度）尺寸：全开 781mm×1086mm，2 开 530mm×760mm，3 开 362mm×781mm，4 开 390mm×543mm，6 开 362mm×390mm，8 开 271mm×390mm，16 开 195mm×271mm。

注：成品尺寸＝纸张尺寸−修边尺寸。

3. 展板（KT 板）、X 展架和易拉宝

展板的标准尺寸为 90cm×240cm 或者 120cm×240cm，平分为两块，就成为 90cm×120cm 或者 120cm×120cm 的大小，这就是"标准板"。对半分开的"标准板"形成的尺寸（如 90cm×60cm 或者 120cm×60cm）都是创意空间的"标准大小"。

X 展架尺寸（宽 × 高）：60cm×160cm，80cm×180cm，120cm×200cm，27cm×42cm（台式的）。

X 展架和易拉宝不同，易拉宝比 X 展架大且牢固。区别在于 X 展架画布后面有个 X 形的架子，架子可以反复使用，成本比易拉宝低。

易拉宝尺寸（宽 × 高）：60cm×160cm，80cm×200cm，85cm×200cm，90cm×200cm，100cm×200cm，120cm×200cm，150cm×200cm。

实际中易拉宝宽度尺寸是可以订制的，但需要比较大的起订量。画面的高度一般不低于150cm，现在已经有生产可调式易拉宝，就是为了方便调节高度；当然也可以用一般性的易拉宝，把支撑杆截成想要的尺寸。

易拉宝的标准尺寸如下。

国内客户需求的易拉宝常用标准尺寸是 80cm×200cm，画面尺寸一般是 78cm×200cm。

国外客户需求的易拉宝常用标准尺寸是 85cm×200cm，画面尺寸一般是 85cm×200cm。

这些易拉宝具体做多大尺寸，可根据实际情况决定。